"十二五"职业教育国家规划教材
经全国职业教育教材审定委员会审定

# 建设工程监理

Jianshe Gongcheng Jianli

（第2版）

建筑类专业

蔡艺钦　叶小波　主编

中国教育出版传媒集团
高等教育出版社·北京

内容简介

本书是第 2 版，是“十二五”职业教育国家规划教材，依据教育部颁布的中等职业学校建筑类专业教学标准，并参照《建设工程监理规范》和监理员等相关岗位需求编写。

本书主要介绍我国建设工程监理制度的发展，监理在造价控制、进度控制、质量控制和安全、合同、信息、风险管理等方面的相关知识与应用。全书分为 7 个单元，主要内容包括：建设工程监理的基本知识、建设工程监理组织、监理规划和监理实施细则、建设工程监理的工作内容和主要方式、建设工程合同与信息管理、建设工程风险管理、建设工程监理文件资料管理。

本书配有学习卡资源，请登录高等教育出版社新形态教材网（https://abooks.hep.com.cn）获取相关资源。详细说明见本书“郑重说明”页。

本书可作为中等职业学校建筑类专业教材，也可作为相关工程技术人员参考用书。

**图书在版编目（CIP）数据**

建设工程监理 / 蔡艺钦，叶小波主编. --2 版. --北京：高等教育出版社，2024.5

建筑类专业

ISBN 978-7-04-062141-9

Ⅰ. ①建… Ⅱ. ①蔡… ②叶… Ⅲ. ①建筑工程-监理工作-教材 Ⅳ. ①TU712

中国国家版本馆 CIP 数据核字（2024）第 084136 号

策划编辑 陈梅琴　责任编辑 陈梅琴　封面设计 杨立新　版式设计 杜微言
责任绘图 黄云燕　责任校对 胡美萍　责任印制 赵义民

出版发行 高等教育出版社
社　　址 北京市西城区德外大街 4 号
邮政编码 100120
印　　刷 北京市白帆印务有限公司
开　　本 889mm×1194mm 1/16
印　　张 12.25
字　　数 260 千字
购书热线 010-58581118
咨询电话 400-810-0598
网　　址 http://www.hep.edu.cn
　　　　 http://www.hep.com.cn
网上订购 http://www.hepmall.com.cn
　　　　 http://www.hepmall.com
　　　　 http://www.hepmall.cn
版　　次 2023 年 2 月第 1 版
　　　　 2024 年 5 月第 2 版
印　　次 2024 年 5 月第 1 次印刷
定　　价 25.50 元


物 料 号 62141-00

# 第2版前言

本书是第 2 版，是“十二五”职业教育国家规划教材，依据教育部颁布的中等职业学校建筑类专业教学标准，并参照《建设工程监理规范》和监理员等相关岗位需求编写。

我国实行建设工程监理制度已有三十多年，不仅提高了建设工程投资的决策科学化水平，同时规范了工程建设参与各方的建设行为，进一步保障工程建设的安全和质量，实现投资效益和社会效益的最大化。实行建设工程监理制度，已经纳入《中华人民共和国建筑法》的范畴。建设工程监理制度适应了我国发展社会主义市场经济的要求，受到社会的广泛关注和普遍认可。

本书在内容上紧紧围绕中等职业学校建筑类专业教学标准的要求，采用最新发布的《监理工程师职业资格制度规定》《监理工程师职业资格考试实施办法》等工程监理行业规定、标准，并吸收国家最新发布的《中华人民共和国建筑法》《中华人民共和国安全生产法》和《中华人民共和国民法典》等法律、法规的相关规定。在每单元前面融入有关思政的导读，帮助学生养成良好的职业道德素养，增强职业的责任感和使命感。本书充分体现科学、实用、创新、可实施性强、与时俱进等方面的优点，以工作岗位需求为导向，侧重培养学生的监理实务应用能力。具体体现如下：

1. 围绕专业教学标准要求，遵循工程建设法律、法规和规范，做到科学合理、与时俱进。

2. 在介绍理论知识的同时，更加注重实用性，注重监理实务。结合大量典型工程案例，创设施工情境，重点剖析学习目标控制的任务和意义，内容简洁易懂，知识目标明确。

3. 突出工程监理在安全、文明施工中的重要地位，体现工程监理在促进建筑环保、节能方面的重要作用。

本书共分为 7 个单元，主要介绍我国建设工程监理制度的发展，监理在造价控制、进度控制、质量控制和安全、合同、信息、风险管理等方面的相关知识与应用。

单元 1　建设工程监理的基本知识：主要介绍与建设工程监理有关的概念，法律、法规基本知识，建设工程监理单位与建设单位、被监理单位之间的关系，监理工程师和监理企业。

单元 2　建设工程监理组织：主要介绍我国当前常见的建设工程组织管理基本模式及其监理模式，项目监理机构的建立及组织结构形式。

单元 3　监理规划和监理实施细则：主要介绍建设工程监理实施过程中的监理规划和监理实施细则的编制方法，分析典型监理规划案例。

单元 4　建设工程监理的工作内容和主要方式：主要介绍目标控制的原理，在建设工程监理实施过程中如何进行造价控制、进度控制和质量控制；同时还介绍了我国当前在建设工程领域相关的安全政策、方针和制度，建设各方的安全责任、安全隐患和安全事故的处理方法等。

单元 5　建设工程合同与信息管理：主要介绍合同成立、变更和解除等基本知识，监理合同示范文本、施工合同示范文本，建设工程信息管理。

单元 6　建设工程风险管理：主要介绍风险的种类，风险管理的过程。

单元 7　建设工程监理文件资料管理：主要介绍建设工程监理实施过程中的文件资料管理，建设工程监理的基本表式，监理文件的资料内容及编制要求，见证取样和送检，旁站方案，监理日志、监理月报的编制要求及实例分析。

本书按 36 学时编写，具体学时分配建议见下表，供参考。

| 内容 | 建议课时 |
| --- | --- |
| 单元 1　建设工程监理的基本知识 | 6 |
| 单元 2　建设工程监理组织 | 4 |
| 单元 3　监理规划和监理实施细则 | 6 |
| 单元 4　建设工程监理的工作内容和主要方式 | 8 |
| 单元 5　建设工程合同与信息管理 | 4 |
| 单元 6　建设工程风险管理 | 2 |
| 单元 7　建设工程监理文件资料管理 | 6 |

本书配有学习卡资源，请登录高等教育出版社新形态教材网（https://abooks.hep.com.cn）获取相关资源。详细说明见本书“郑重说明”页。

本书由广州市城市建设职业学校蔡艺钦（一级注册建造师）和叶小波（一级注册建造师）担任主编。全书具体编写分工为：蔡艺钦编写单元 1、单元 4、单元 5 和单元 7，郑利红编写单元 2，魏宜达编写单元 3，蓝一俊编写单元 6。全书由叶小波负责统稿和修改工作。

河北城乡建设学校孙翠兰审阅了本书，并提出了许多宝贵意见和建议，在此表示衷心感谢。本书在编写过程中获得广东省建筑工程机械施工有限公司潘伟根（高级工程师）专家的指导，以及广州市城市建设职业学校各级领导的指导与大力支持，在此一并深表感谢。

由于编者水平有限，书中难免有不妥之处，敬请广大读者批评指正（读者意见反馈邮箱：zz_dzyj@ pub. hep. cn）。

编　者

2023 年 11 月

# 目录

# 单元 1 建设工程监理的基本知识

## 学习目标

1. 知道工程监理的定义。
2. 熟悉建设工程法律、法规的组成。
3. 熟悉工程项目建设程序。
4. 能结合工程实际，明确监理工作岗位职责。
5. 能结合工程实际，协助进行工程监理费用计算。
6. 养成科学严谨、爱岗敬业、团结协作的作风。
7. 树立法治观念、增强标准和规范意识。

## 导读

### 京津塘高速公路开监理先河

1987 年 12 月，我国第一条全面施行工程监理制度试点的高速公路——京津塘高速公路奠基。

京津塘高速公路是我国“七五”至“八五”期间重点交通建设项目，起于北京市朝阳区十八里店，途经河北省廊坊市，止于天津市滨海新区（原塘沽区）河北路，全长 142.69 km。京津塘高速公路是我国第一条经国务院批准并部分利用世界银行贷款，按照国际标准，进行国际招标，按 FIDIC 条款（即土木工程施工合同条件）实施建设的第一条跨省市高速公路。随着 FIDIC 条款的实施，监理这个新生事物开始走进中国。

时光追溯到 1990 年，北京亚运会开幕前夕，京津塘高速公路的建设者们正在加紧施工。其间，15 辆装满沥青混合料的货车运至施工现场准备卸货时，却被监理单位拦了下来。当时监理单位检测发现，这批沥青混合料的温度比技术规范要求的低 3~5 ℃，监理单位坚决要求把这批货物倒掉，同时还派专人跟车监管，直至货物完全销毁。

由于引进监理制度，严格遵守规范施工，京津塘高速公路取得了优良的工程质量，引领着我国高速公路建设在相当长一段时间内的品质。同时，京津塘高速公路的建设还总结出一整套勘察、设计、施工、监理和建设技术，使我国公路建设管理体制逐步实现了与国际惯例接轨。

随后，京津塘高速公路带来的建设模式开始辐射全国，广深珠高速公路、沪宁高速公路、石安高速公路等一批高速公路建设项目均采用这种建设模式。

# 1.1 建设工程监理概述

## 一、建设工程监理的定义

建设工程监理也称工程建设监理，属于国际上业主项目管理的范畴。

《建设工程监理规范》中明确了建设工程监理的术语：工程监理单位受建设单位委托，根据法律、法规、工程建设标准、勘察设计文件及合同，在施工阶段对建设工程质量、进度、造价进行控制，对合同、信息进行管理，对工程建设相关方的关系进行协调，并履行建设工程安全生产管理法定职责的服务活动。

建设工程监理可以是建设工程项目活动的全过程监理，也可以是建设工程项目某一实施阶段的监理，如设计阶段监理、施工阶段监理等。我国目前应用最多的是施工阶段监理。

## 二、建设工程监理的特性

监理单位是建筑市场的主体之一，建设监理是一种高智能的有偿技术服务。监理单位与项目法人之间是委托与被委托的合同关系，与被监理单位是监理与被监理关系。工程监理单位应公平、独立、诚信、科学地开展工程建设监理与相关服务活动，维护项目法人和被监理单位的合法权益。

工程监理是一种有偿的工程咨询服务，是受项目法人（建设单位）委托进行的。工程监理的主要依据是法律、法规及工程建设标准、勘察设计文件、建设工程监理合同及其他合同文件。工程监理的准则是公平、独立、诚信、科学。

### 1. 服务性

监理单位受项目法人（建设单位）的委托进行工程建设的监理活动，它提供的不是工程任务的承包，而是服务。监理单位将尽一切努力进行项目的目标控制，但它不可能保证项目的目标一定实现，它也不可能承担由于不是它的原因而导致项目目标失控的责任。

实施建设工程监理前，建设单位应委托具有相应资质的工程监理单位，并以书面形式与工程监理单位订立工程建设监理合同。工程建设监理合同的主要条款有监理工作的范围、内容、服务期限和酬金，以及双方的义务、违约责任等相关条款。

《建设工程监理规范》要求：建设单位与施工单位之间涉及施工合同的联系活动，应通过工程监理单位进行。

**2. 独立性**

建设工程监理的独立性是其公正性的基础和前提，监理单位如果没有独立性，公正性便无从谈起。

**3. 公正性**

监理单位应以事实为依据，以有关法律和法规为准则，站在第三方立场上，公正地处理争端，既要维护建设单位的合法权益，又不能损害其他有关单位的合法权益。

**4. 科学性**

建设工程监理是为建设单位提供的一种高智能的技术服务，这就要求从事监理活动应当遵循科学的准则。

## 三、建设工程监理的范围

《建设工程监理范围和规模标准规定》由中华人民共和国建设部于 2001 年 1 月 17 日公布，自公布之日起施行。下列建设工程必须实行监理：

**1. 国家重点建设工程**

国家重点建设工程是指依据《国家重点建设项目管理办法》所确定的对国民经济和社会发展有重大影响的骨干项目。

**2. 大中型公用事业工程**

大中型公用事业工程是指项目总投资额在 3 000 万元以上的下列工程项目：供水、供电、供气、供热等市政工程项目；科技、教育、文化等项目；体育、旅游、商业等项目；卫生、社会福利等项目；其他公用事业项目。

**3. 成片开发建设的住宅小区工程**

成片开发建设的住宅小区工程，建筑面积在 50 000 $m^2$ 以上的住宅建设工程必须实行监理；50 000 $m^2$ 以下的住宅建设工程，可以实行监理，具体范围和规模标准，由省、自治区、直辖市人民政府建设行政主管部门规定。为了保证住宅质量，对高层住宅及地基、结构复杂的多层住宅也应当实行监理。

**4. 利用国外政府或者国际组织贷款、援助资金的工程**

使用世界银行、亚洲开发银行等国际组织贷款资金的项目；使用国外政府及其机构贷款的项目；使用国际组织或者国外政府援助资金的项目。

**5. 国家规定必须实行监理的其他工程**

（1）项目总投资额在 3 000 万元以上关系社会公共利益、公众安全的下列基础设施项目：煤炭、石油、化工、天然气、电力、新能源等项目；铁路、公路、管道、水运、民航以及其他交通运输业等项目；邮政、电信枢纽、通信、信息网络等项目；防洪、灌溉、排涝、发电、引（供）水、滩涂治理、水资源保护、水土保持等水利建设项目；道路、桥梁、地铁和轻轨交通、污水排放及处理、垃圾处理、地下管道、公共停车场等城市基础设施项目；生态环境保护项目；其他基础设施项目。

（2）学校、影剧院、体育场馆项目。

## 四、建设工程监理的实施原则

监理单位受建设单位委托对建设工程实施监理时，应遵守以下基本原则：

### 1. 公平、独立、诚信的原则

监理工程师在建设工程监理中必须坚持公平、独立、诚信的原则，尊重科学、尊重事实，组织各方协同配合，维护有关各方的合法权益。建设单位与施工单位虽然都是独立运行的经济主体，但他们追求的经济目标有差异，监理工程师应在按合同约定的权、责、利关系的基础上，协调双方的一致性。只有按合同的约定建成工程，建设单位才能实现投资的目的，施工单位也才能实现自己生产的产品的价值，取得工程款和实现盈利。

### 2. 权责一致的原则

监理工程师承担的职责应与建设单位授予的职权一致。监理工程师的监理职权，依赖于建设单位的授权。这种权力的授予，不仅体现在建设单位与监理单位之间签订的委托监理合同之中，还应作为建设单位与施工单位之间签订的建设工程合同的合同条件。因此，监理工程师在明确建设单位提出的监理目标和监理工作内容要求后，应与建设单位协商，明确相应的授权，达成共识后明确体现在委托监理合同中及建设工程合同中。据此，监理工程师才能开展监理活动。总监理工程师代表监理单位全面履行建设工程委托监理合同，承担合同中确定的监理单位对建设单位承担的义务和责任。因此，在委托监理合同实施中，监理单位应对总监理工程师充分授权，体现权责一致的原则。

### 3. 总监理工程师负责制的原则

总监理工程师是工程监理全部工作的负责人。要建立健全总监理工程师负责制，就要明确权、责、利关系，建立健全项目监理机构，使其具有科学的运行制度、现代化的管理手段，形成以总监理工程师为首的高效能的决策指挥体系。

总监理工程师负责制的内涵包括：

（1）总监理工程师是项目监理的责任主体。

（2）总监理工程师是项目监理的权力主体。

（3）总监理工程师是项目监理的利益主体。

也就是说，总监理工程师是项目监理责、权、利相对的统一体。

**4. 严格监理、热情服务的原则**

严格监理，就是各级监理人员应严格按照国家政策、法规、规范、标准和合同控制建设工程的目标，依照既定的程序和制度，认真履行职责，对施工单位进行严格监理。

监理工程师还应为建设单位提供热情的服务，运用合理的专业技能，谨慎而勤奋地工作。由于建设单位一般不熟悉建设工程管理与技术业务，监理工程师应按照委托监理合同的要求全方位、多层次地为建设单位提供良好的服务，维护建设单位的正当权益。但是，不能因此而一味向施工单位转嫁风险，从而损害施工单位的正当经济利益。

**5. 综合效益原则**

建设工程监理活动既要考虑建设单位的经济效益，也必须考虑与社会效益和环境效益的有机统一。建设工程监理活动虽经建设单位的委托和授权才得以进行，但监理工程师应首先严格遵守国家的建设管理法律、法规、规范、标准等，以高度负责的态度和责任感，既要对建设单位负责，谋求最大的经济效益，又要对国家和社会负责，取得最佳的综合效益。只有在符合宏观经济效益、社会效益和环境效益的条件下，建设单位投资项目的微观经济效益才能得以实现。

## 1.2 建设工程法律、法规

建设工程法律、法规体系是指根据《中华人民共和国立法法》的规定，制定和公布施行的有关建设工程的各项法律、行政法规、地方性法规、自治条例、单行条例、部门规章和地方政府规章的总称。

### 一、建设工程法律效力

建设工程法律是指由全国人民代表大会及其常务委员会通过的规范工程建设活动的法律规范，由国家主席签署主席令予以公布，如《中华人民共和国建筑法》《中华人民共和国招标投标法》《中华人民共和国民法典》等。

建设工程行政法规是指由国务院根据宪法和法律制定的规范工程建设活动的各项法规，由总理签署国务院令予以公布，如《建设工程质量管理条例》《建设工程安全生产管理条例》等。

建设工程部门规章是指住房城乡建设部按照国务院规定的职权范围，独立或同国务院有关部门联合根据法律和国务院的行政法规、决定、命令，制定的规范工程建设活动的各项规章。建设工程部门规章属于住房城乡建设部制定的，由部长签署住房城乡建设部令予以公布，如《工程监理企业资质管理规定》等。

法律的效力高于行政法规，行政法规的效力高于部门规章。法律、法规体系的组成及其效力见表1-1。

**表1-1 法律、法规体系的组成及其效力**

| 体系组成 | 制定机关 | 法律效力 | 签署人 | 范例 |
| --- | --- | --- | --- | --- |
| 法律 | 全国人大及其常委会 | 最高 | 国家主席 | 《中华人民共和国建筑法》 |
| 行政法规 | 国务院 | 次之 | 总理 | 《建设工程质量管理条例》 |
| 部门规章 | 国务院各部委 | 最低 | 部长 | 《工程监理企业资质管理规定》 |

## 二、与工程监理有关的法律、法规

《中华人民共和国安全生产法》

《中华人民共和国民法典》

《中华人民共和国建筑法》

《中华人民共和国招标投标法》

《建设工程质量管理条例》

《建设工程安全生产管理条例》

《建筑业企业资质管理规定》

《建筑业企业资质等级标准》

《建筑安装工程总分包实施办法》

《建设工程勘察设计管理条例》

《民用建筑节能条例》

《中华人民共和国注册建筑师条例》

《中华人民共和国可再生能源法》

《中华人民共和国节约能源法》

《公共机构节能条例》

## 三、监理相关法律、法规节选

### 1.《中华人民共和国建筑法》中的有关规定

《中华人民共和国建筑法》第四章建筑工程监理明确规定：

(1) 第三十条 国家推行建筑工程监理制度。国务院可以规定实行强制监理的建筑工程的范围。

（2）第三十一条　实行监理的建筑工程，由建设单位委托具有相应资质条件的工程监理单位监理。建设单位与其委托的工程监理单位应当订立书面委托监理合同。

（3）第三十二条　建筑工程监理应当依照法律、行政法规及有关的技术标准、设计文件和建筑工程承包合同，对承包单位在施工质量、建设工期和建设资金使用等方面，代表建设单位实施监督。工程监理人员认为工程施工不符合工程设计要求、施工技术标准和合同约定的，有权要求建筑施工企业改正。工程监理人员发现工程设计不符合建筑工程质量标准或者合同约定的质量要求的，应当报告建设单位要求设计单位改正。

（4）第三十三条　实施建筑工程监理前，建设单位应当将委托的工程监理单位、监理的内容及监理权限，书面通知被监理的建筑施工企业。

（5）第三十四条　工程监理单位应当在其资质等级许可的监理范围内，承担工程监理业务。工程监理单位应当根据建设单位的委托，客观、公正地执行监理任务。工程监理单位与被监理工程的承包单位以及建筑材料、建筑构配件和设备供应单位不得有隶属关系或者其他利害关系。工程监理单位不得转让工程监理业务。

（6）第三十五条　工程监理单位不按照委托监理合同的约定履行监理义务，对应当监督检查的项目不检查或者不按照规定检查，给建设单位造成损失的，应当承担相应的赔偿责任。工程监理单位与承包单位串通，为承包单位谋取非法利益，给建设单位造成损失的，应当与承包单位承担连带赔偿责任。

（7）第六十九条　工程监理单位与建设单位或者建筑施工企业串通，弄虚作假、降低工程质量的，责令改正，处以罚款，降低资质等级或者吊销资质证书；有违法所得的，予以没收；造成损失的，承担连带赔偿责任；构成犯罪的，依法追究刑事责任。工程监理单位转让监理业务的，责令改正，没收违法所得，可以责令停业整顿，降低资质等级；情节严重的，吊销资质证书。

**2.《建设工程质量管理条例》中的有关规定**

《建设工程质量管理条例》第五章工程监理单位的质量责任和义务明确规定：

（1）第三十四条　工程监理单位应当依法取得相应等级的资质证书，并在其资质等级许可的范围内承担工程监理业务。禁止工程监理单位超越本单位资质等级许可的范围或者以其他工程监理单位的名义承担工程监理业务。禁止工程监理单位允许其他单位或者个人以本单位的名义承担工程监理业务。工程监理单位不得转让工程监理业务。

（2）第三十五条　工程监理单位与被监理工程的施工承包单位以及建筑材料、建筑构配件和设备供应单位有隶属关系或者其他利害关系的，不得承担该项建设工程的监理业务。

（3）第三十六条　工程监理单位应当依照法律、法规以及有关技术标准、设计文件和建设工程承包合同，代表建设单位对施工质量实施监理，并对施工质量承担监理责任。

（4）第三十七条　工程监理单位应当选派具备相应资格的总监理工程师和监理工程师进

驻施工现场。未经监理工程师签字，建筑材料、建筑构配件和设备不得在工程上使用或者安装，施工单位不得进行下一道工序的施工。未经总监理工程师签字，建设单位不拨付工程款，不进行竣工验收。

（5）第三十八条　监理工程师应当按照工程监理规范的要求，采取旁站、巡视和平行检验等形式，对建设工程实施监理。

**3.《建设工程安全生产管理条例》中的有关规定**

《建设工程安全生产管理条例》第三章勘察、设计、工程监理及其他有关单位的安全责任和第七章法律责任明确规定：

（1）第十四条　工程监理单位应当审查施工组织设计中的安全技术措施或者专项施工方案是否符合工程建设强制性标准。工程监理单位在实施监理过程中，发现存在安全事故隐患的，应当要求施工单位整改；情况严重的，应当要求施工单位暂时停止施工，并及时报告建设单位。施工单位拒不整改或者不停止施工的，工程监理单位应当及时向有关主管部门报告。工程监理单位和监理工程师应当按照法律、法规和工程建设强制性标准实施监理，并对建设工程安全生产承担监理责任。

（2）第五十七条　违反本条例的规定，工程监理单位有下列行为之一的，责令限期改正；逾期未改正的，责令停业整顿，并处10万元以上30万元以下的罚款；情节严重的，降低资质等级，直至吊销资质证书；造成重大安全事故，构成犯罪的，对直接责任人员，依照刑法有关规定追究刑事责任；造成损失的，依法承担赔偿责任：

① 未对施工组织设计中的安全技术措施或者专项施工方案进行审查的；

② 发现安全事故隐患未及时要求施工单位整改或者暂时停止施工的；

③ 施工单位拒不整改或者不停止施工，未及时向有关主管部门报告的；

④ 未依照法律、法规和工程建设强制性标准实施监理的。

**4.《中华人民共和国安全生产法》中的有关规定**

《中华人民共和国安全生产法》对建设工程安全生产及从业人员的安全生产权利、义务做了明确规定：

（1）第三条　安全生产工作坚持中国共产党的领导。

安全生产工作应当以人为本，坚持人民至上、生命至上，把保护人民生命安全摆在首位，树牢安全发展理念，坚持安全第一、预防为主、综合治理的方针，从源头上防范化解重大安全风险。安全生产工作实行管行业必须管安全、管业务必须管安全、管生产经营必须管安全，强化和落实生产经营单位主体责任与政府监管责任，建立生产经营单位负责、职工参与、政府监管、行业自律和社会监督的机制。

（2）第五条　生产经营单位的主要负责人是本单位安全生产第一责任人，对本单位的安全生产工作全面负责。其他负责人对职责范围内的安全生产工作负责。

（3）第六条 生产经营单位的从业人员有依法获得安全生产保障的权利，并应当依法履行安全生产方面的义务。

（4）第二十四条 矿山、金属冶炼、建筑施工、运输单位和危险物品的生产、经营、储存、装卸单位，应当设置安全生产管理机构或者配备专职安全生产管理人员。前款规定以外的其他生产经营单位，从业人员超过一百人的，应当设置安全生产管理机构或者配备专职安全生产管理人员；从业人员在一百人以下的，应当配备专职或者兼职的安全生产管理人员。

（5）第三十一条 生产经营单位新建、改建、扩建工程项目（以下统称建设项目）的安全设施，必须与主体工程同时设计、同时施工、同时投入生产和使用。安全设施投资应当纳入建设项目概算。

（6）第三十四条 矿山、金属冶炼建设项目和用于生产、储存、装卸危险物品的建设项目的施工单位必须按照批准的安全设施设计施工，并对安全设施的工程质量负责。矿山、金属冶炼建设项目和用于生产、储存、装卸危险物品的建设项目竣工投入生产或者使用前，应当由建设单位负责组织对安全设施进行验收；验收合格后，方可投入生产和使用。负有安全生产监督管理职责的部门应当加强对建设单位验收活动和验收结果的监督核查。

（7）第五十三条 生产经营单位的从业人员有权了解其作业场所和工作岗位存在的危险因素、防范措施及事故应急措施，有权对本单位的安全生产工作提出建议。

（8）第五十四条 从业人员有权对本单位安全生产工作中存在的问题提出批评、检举、控告；有权拒绝违章指挥和强令冒险作业。生产经营单位不得因从业人员对本单位安全生产工作提出批评、检举、控告或者拒绝违章指挥、强令冒险作业而降低其工资、福利等待遇或者解除与其订立的劳动合同。

（9）第五十五条 从业人员发现直接危及人身安全的紧急情况时，有权停止作业或者在采取可能的应急措施后撤离作业场所。生产经营单位不得因从业人员在前款紧急情况下停止作业或者采取紧急撤离措施而降低其工资、福利等待遇或者解除与其订立的劳动合同。

（10）第五十六条 生产经营单位发生生产安全事故后，应当及时采取措施救治有关人员。因生产安全事故受到损害的从业人员，除依法享有工伤保险外，依照有关民事法律尚有获得赔偿的权利的，有权提出赔偿要求。

（11）第五十七条 从业人员在作业过程中，应当严格落实岗位安全责任，遵守本单位的安全生产规章制度和操作规程，服从管理，正确佩戴和使用劳动防护用品。

（12）第五十八条 从业人员应当接受安全生产教育和培训，掌握本职工作所需的安全生产知识，提高安全生产技能，增强事故预防和应急处理能力。

（13）第五十九条 从业人员发现事故隐患或者其他不安全因素，应当立即向现场安全生产管理人员或者本单位负责人报告；接到报告的人员应当及时予以处理。

# 1.3 工程项目建设程序

工程项目建设程序是指工程项目从策划、评估、决策、设计、施工到竣工验收、投入生产或交付使用的整个建设过程中，各项工作必须遵循的先后工作次序。工程项目建设程序是工程建设过程客观规律的反映，是建设工程项目科学决策和顺利进行的重要保证。工程项目建设程序是人们长期在工程项目建设实践中的经验总结，不能任意颠倒，但可以合理交叉。坚持工程项目建设程序具有重要作用：依法管理工程建设，保证正常建设程序；科学决策，保证投资效果；顺利实施工程，保证工程质量；顺利开展建设工程监理。

工程项目建设程序可以分为建设工程立项阶段、用地审批阶段、初步设计阶段、规划报建阶段、施工准备阶段、办理施工许可证阶段、施工阶段、生产准备阶段、工程竣工验收与保修阶段、考核评价阶段。

## 一、建设工程立项阶段

建设工程立项阶段又称为决策阶段，主要包括编制项目建议书、编制可行性研究报告、申请项目立项、申请建设项目选址意见书、申请建设项目用地预审等工作内容。

### 1. 编制项目建议书

对于政府投资工程项目，项目建设前首先要编制项目建议书，向发改委项目管理部门论证项目建设的必要性，提出建设方案、投资估算、经济效益和社会效益等设想和分析。

### 2. 编制可行性研究报告

可行性研究是在项目建议书被批准后，对项目在技术上和经济上是否可行所进行的科学分析和论证。根据《国务院关于投资体制改革的决定》规定，政府投资项目须审批项目建议书和可行性研究报告。

《国务院关于投资体制改革的决定》指出，对于企业不使用政府资金投资建设的项目，一律不再实行审批制，区别不同情况实行核准制和登记备案制。

对于《政府核准的投资项目目录》以外的企业投资项目，实行备案制。

### 3. 申请项目立项

项目申请单位应以书面形式提交申请。申请项目立项需具备以下条件：

（1）政府投资项目可行性研究报告及其审批请示或企业投资项目核准申请报告（可行性研究报告和项目申请报告须由合格的咨询机构编制）等资料。

（2）用地预审需提交的申请材料。

（3）环境影响评价文件审查申请材料。

（4）水土保持审查意见。

（5）防震、防雷审查意见。

**4. 申请建设项目选址意见书**

建设单位向区（县）以上规划局申请建设项目选址意见书。

**5. 申请建设项目用地预审**

建设单位向所在地区（县）国土房管部门申请建设项目用地预审。

## 二、用地审批阶段

**1. 拆迁、安置**

建设单位在取得用地使用权后，向当地拆迁主管部门提出书面申请。拆迁主管部门对拆迁申请进行审查，批准拆迁的，房屋拆迁主管部门发房屋拆迁许可证给拆迁申请人，建设单位可据此组织实施拆迁。

**2. 办理土地划拨、建设用地批准书及用地红线**

经国务院或省（市）人民政府批准农用地转为建设用地、征收和收回国有土地使用权，已缴齐相关税费并完成征（用）地、拆迁结案手续的案件，由建设单位申请用地环节行政审批，应到建设项目所在地的区（县）国土房管部门递交土地使用权申请。依法属市国土房管局或其上级行政机关审批权限的，由区（县）国土房管部门受理后，在规定的时间内将初步审查意见连同全部申请材料逐级上报，并取得建设用地批准书及用地红线。

**3. 申请建设用地规划许可证**

建设单位向区（县）以上规划局申请建设用地规划许可证。

**4. 申请修建性详细规划方案审查**

建设单位向区（县）以上规划局申请修建性详细规划方案审查。

## 三、初步设计阶段

**1. 初步设计及概算编制**

建设单位通过招标或者直接委托方式确定设计单位，设计单位进行初步设计及概算编制。

**2. 初步设计审查**

建设单位组织有关专家对初步设计进行评审，再将初步设计审查意见书、消防设计审查意见书、防空地下室审查意见书、防雷装置设计审查意见书一并提交区（县）以上住建局进行审查。

**3. 初步概算批复**

建设单位将初步概算评审材料提交区（县）以上财政局进行评审。

## 四、规划报建阶段

### 1. 建筑设计方案审查

建设单位向区（县）以上规划局申请建筑设计方案审查。

### 2. 工程地质勘察

建设单位先通过招标的方式确定工程地质勘察单位，并安排工程地质勘察单位进行初勘和详勘，勘察单位向建设单位提供初勘和详勘阶段的岩土工程勘察报告。

### 3. 消防报建（大型的人员密集场所和其他特殊建设工程消防设计审查）

对于大型的人员密集场所和其他特殊建设工程，建设单位须向区（县）以上公安机关消防机构申请消防设计审查。

### 4. 人防审核

建设单位向区（县）以上人民防空办公室申请人防审核。

### 5. 环境影响评价审批

建设单位向区（县）以上环保部门申请环境影响评价审批。

### 6. 卫生学评价

建设单位向区（县）以上卫生防疫部门申请建筑工程卫生学评价。

### 7. 办理建设工程规划许可证

建设单位向区（县）以上规划局申请建设工程规划许可证。

## 五、施工准备阶段

（1）图纸会审。由建设单位主持，监理单位参加，设计单位向施工单位进行设计技术交底，让施工单位明确要求，彻底弄清设计意图，发现问题，消灭差错。然后由建设单位、监理单位、设计单位、施工单位共同对施工图进行会审，作出会审（审核）记录，最后共同签章生效。

（2）组建项目法人、征地、拆迁、“三通一平”乃至“七通一平”；进行材料、设备订货；办理建设工程质量监督手续；委托工程监理；组织施工招投标，择优选定施工单位等。

## 六、办理施工许可证阶段

为了加强对建筑活动的监督管理，维护建筑市场秩序，保证建筑工程的质量和安全，根据《中华人民共和国建筑法》《建筑工程施工许可管理办法》等法律、法规规定，1999 年 12 月 1 日起在全国施行建筑工程施工许可证制度。

### 1. 办理施工许可证需要满足的条件

（1）施工场地已基本具备施工条件。

（2）已经办理该建筑工程用地批准手续。

（3）在城市规划区的建筑工程，已经取得规划许可证。

（4）需要拆迁的，其拆迁进度符合施工要求。

（5）已经确定建筑施工企业，按照规定应该委托监理的工程已委托监理单位。

（6）有满足相关设计规范要求的施工图纸。

（7）已在质量监督主管部门及安全监督主管部门办理相应的质量、安全监督注册手续。

（8）建设资金已经落实，工期不足1年的，到位资金不得少于工程合同价款的50%；工期超过1年的，到位资金不得少于工程合同价款的30%。

**2. 施工许可证延期**

《中华人民共和国建筑法》第九条规定：建设单位应当自领取施工许可证之日起3个月内开工。因故不能按期开工的，应当向发证机关申请延期。延期以两次为限，每次不超过3个月。既不开工又不申请延期或者超过延期时限的，施工许可证自行废止。

## 七、施工阶段

建设工程具备了开工条件并取得施工许可证，由施工单位申请并经总监理工程师签字后，方可开工。

建设单位在施工阶段的管理主要是做好工程建设项目的进度控制、造价控制和质量控制。

## 八、生产准备阶段

对于生产性建设项目，在其竣工投产前，建设单位应适时地组织专门人员或机构，有计划地做好生产准备工作，培训生产人员；组织有关人员参加设备安装、调试、工程验收；落实原材料供应；组建生产管理机构，健全生产规章制度等。生产准备是由建设阶段转入经营阶段的一项重要工作。

## 九、工程竣工验收与保修阶段

**1. 工程竣工验收**

《建设工程质量管理条例》规定，建设单位收到建设工程竣工报告后，应当组织设计、施工、监理等有关单位进行竣工验收。

《中华人民共和国建筑法》规定，交付竣工验收的建筑工程，必须符合规定的建筑工程质量标准，有完整的工程技术经济资料和经签署的工程保修书，并具备国家规定的其他竣工条件。建筑工程竣工经验收合格后，方可交付使用；未经验收或者验收不合格的，不得交付使用。

《建设工程质量管理条例》进一步规定，建设工程竣工验收应当具备下列条件：

（1）完成建设工程设计和合同约定的各项内容。

（2）有完整的技术档案和施工管理资料。

（3）有工程使用的主要建筑材料、建筑构配件和设备的进场试验报告。

（4）有勘察、设计、施工、工程监理等单位分别签署的质量合格文件。

（5）有施工单位签署的工程保修书。建设工程经验收合格的，方可交付使用。

《城市建设档案管理规定》规定，建设单位应当在工程竣工验收后3个月内，向城建档案馆报送一套符合规定的建设工程档案。凡建设工程档案不齐全的，应当限期补充。

**2. 工程保修**

国务院《建设工程质量管理条例》第三十二条规定，施工单位对施工中出现质量问题的建设工程或者竣工验收不合格的建设工程，应当负责返修。

《建设工程质量管理条例》第四十条规定，在正常使用条件下，建设工程的最低保修期限为：

（1）基础设施工程、房屋建筑的地基基础工程和主体结构工程，为设计文件规定的该工程的合理使用年限。

（2）屋面防水工程、有防水要求的卫生间、房间和外墙面的防渗漏，为5年。

（3）供热与供冷系统，为2个采暖期、供冷期。

（4）电气管线、给排水管道、设备安装和装修工程，为2年。

《建设工程质量管理条例》第四十一条规定，建设工程在保修范围和保修期限内发生质量问题的，施工单位应当履行保修义务，并对造成的损失承担赔偿责任。

### 十、考核评价阶段

建设项目评价是工程项目竣工投产、生产运营一段时间后，再对项目的立项决策、设计施工、竣工投产、生产运营等全过程进行系统评价，是固定资产管理的一项重要内容，也是固定资产投资管理的最后一个环节。

## 1.4 监理工程师和监理企业

### 一、监理工程师

监理工程师是指取得国务院建设行政主管部门颁发的中华人民共和国注册监理工程师注册证书和执业印章（图1-1），从事建设工程监理与相关服务等活动的人员。

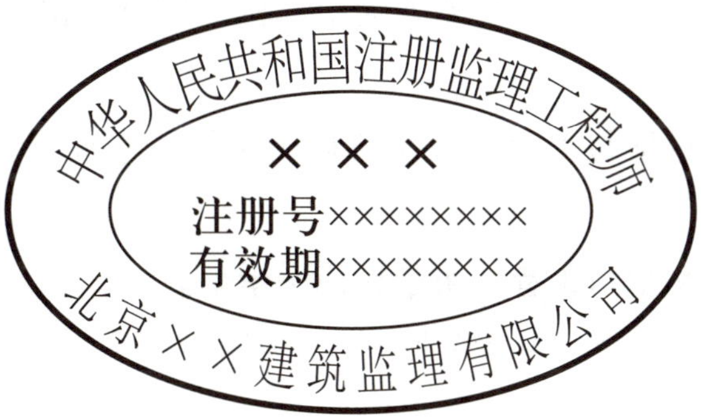


图 1-1 注册监理工程师执业印章示例

**1. 监理工程师考试制度**

根据住房城乡建设部、交通运输部、水利部、人力资源社会保障部关于印发《监理工程师职业资格制度规定》《监理工程师职业资格考试实施办法》等文件精神，监理工程师职业资格考试实行全国统一大纲、统一命题、统一组织。

考试每年举行一次，考试时间一般安排在 5 月中旬。考点原则上设在直辖市、自治区首府和省会城市的大、中专院校或者高考定点学校。监理工程师职业资格考试设《建设工程监理基本理论和相关法规》《建设工程合同管理》《建设工程目标控制》《建设工程监理案例分析》4 个科目。其中《建设工程监理基本理论和相关法规》《建设工程合同管理》为基础科目，《建设工程目标控制》《建设工程监理案例分析》为专业科目。专业类别分为土木建筑工程、交通运输工程、水利工程，报考人员可根据实际工作需要选择。

监理工程师职业资格考试分 4 个半天进行。《建设工程监理基本理论和相关法规》《建设工程合同管理》的考试时间为 2 个小时，《建设工程目标控制》的考试时间为 3 个小时，《建设工程监理案例分析》的考试时间为 4 个小时。

**2. 考试成绩管理**

监理工程师职业资格考试成绩实行 4 年为一个周期的滚动管理办法，参加 4 个科目考试的人员（级别为考全科），须在连续 4 个考试年度内通过全部应试科目。参加 2 个科目考试的符合免试基础科目人员（级别为免二科），须在连续 2 个考试年度内通过相应应试科目，方可获得资格证书。已取得监理工程师一种专业职业资格证书的人员，报名参加其他专业科目考试的（级别为增报专业），可免考基础科目，须在连续 2 个考试年度内通过相应应试科目，可获得相应专业考试合格证明，该证明作为注册时增加执业专业类别的依据。

**3. 报考条件**

凡遵守中华人民共和国宪法、法律、法规，具有良好的业务素质和道德品行，具备下列条件之一者，可以申请参加监理工程师职业资格考试：

（1）具有各工程大类专业大学专科学历（或高等职业教育），从事工程施工、监理、设计等业务工作满 6 年；

（2）具有工学、管理科学与工程类专业大学本科学历或学位，从事工程施工、监理、设计等业务工作满4年；

（3）具有工学、管理科学与工程一级学科硕士学位或专业学位，从事工程施工、监理、设计等业务工作满2年；

（4）具有工学、管理科学与工程一级学科博士学位。

经批准同意开展试点的地区，申请参加监理工程师职业资格考试的，应当具有大学本科及以上学历或学位。

#### 4. 证书颁发

监理工程师职业资格考试合格者，由各省、自治区、直辖市人力资源社会保障行政主管部门颁发中华人民共和国监理工程师职业资格证书（或电子证书）。该证书由人力资源社会保障部统一印制，住房城乡建设部、交通运输部、水利部按专业类别分别与人力资源社会保障部用印，在全国范围内有效。

各省、自治区、直辖市人力资源社会保障行政主管部门会同住房城乡建设部、交通运输部、水利部应加强学历、从业经历等监理工程师职业资格考试资格条件的审核。对以贿赂、欺骗等不正当手段取得监理工程师职业资格证书的，按照国家专业技术人员资格考试违纪违规行为处理规定进行处理。

## 二、监理工程师注册管理

#### 1. 初始注册

取得资格证书的人员申请注册，由省、自治区、直辖市人民政府建设行政主管部门初审，国务院建设行政主管部门审批。

取得资格证书并受聘于一个建设工程勘察、设计、施工、监理、招标代理、造价咨询等单位的人员，应当通过聘用单位向单位工商注册所在地的省、自治区、直辖市人民政府建设行政主管部门提出注册申请。省、自治区、直辖市人民政府建设行政主管部门受理后提出初审意见，并将初审意见和全部申报材料报国务院建设行政主管部门审批。符合条件的，由国务院建设行政主管部门核发注册证书和执业印章。

省、自治区、直辖市人民政府建设行政主管部门在收到申请人的申请材料后，应当即时作出是否受理的决定，并向申请人出具书面凭证。申请材料不齐全或者不符合法定形式的，应当在5日内一次性告知申请人需要补正的全部内容；逾期不告知的，自收到申请材料之日起即为受理。

对申请初始注册的，省、自治区、直辖市人民政府建设行政主管部门应当自受理申请之日起20日内审查完毕，并将申请材料和初审意见报国务院建设行政主管部门。国务院建设行政主管部门自收到省、自治区、直辖市人民政府建设行政主管部门上报材料之日起，应当在20日内审批完毕并作出书面决定，并自作出决定之日起10日内，在公众媒体上公告审批结果。

对申请变更注册、延续注册的，省、自治区、直辖市人民政府建设行政主管部门应当自受理申请之日起5日内审查完毕，并将申请材料和初审意见报国务院建设行政主管部门。国务院建设行政主管部门自收到省、自治区、直辖市人民政府建设行政主管部门上报材料之日起，应当在10日内审批完毕并作出书面决定。

对不予批准的，应当说明理由，并告知申请人享有依法申请行政复议或者提起行政诉讼的权利。

初始注册者，可自资格证书签发之日起3年内提出申请。逾期未申请者，须符合继续教育的要求后方可申请初始注册。

注册证书和执业印章是注册监理工程师的执业凭证，由注册监理工程师本人保管、使用。注册证书和执业印章的有效期为3年，注册有效期满需继续执业的，应当在注册有效期满30日前，按照规定的程序申请延续注册。延续注册有效期3年。

**2. 变更注册**

在注册有效期内，注册监理工程师变更执业单位，应当与原聘用单位解除劳动关系，并按规定的程序办理变更注册手续，变更注册后仍延续原注册有效期。

**3. 其他情形**

《注册监理工程师管理规定》第十三条规定，申请人有下列情形之一的，不予初始注册、延续注册或者变更注册：

（1）不具有完全民事行为能力的。

（2）刑事处罚尚未执行完毕或者因从事工程监理或者相关业务受到刑事处罚，自刑事处罚执行完毕之日起至申请注册之日止不满2年的。

（3）未达到监理工程师继续教育要求的。

（4）在两个或者两个以上单位申请注册的。

（5）以虚假的职称证书参加考试并取得资格证书的。

（6）年龄超过65周岁的。

（7）法律、法规规定不予注册的其他情形。

《注册监理工程师管理规定》第十四条规定，注册监理工程师有下列情形之一的，其注册证书和执业印章失效：

（1）聘用单位破产的。

（2）聘用单位被吊销营业执照的。

（3）聘用单位被吊销相应资质证书的。

（4）已与聘用单位解除劳动关系的。

（5）注册有效期满且未延续注册的。

（6）年龄超过65周岁的。

（7）死亡或者丧失行为能力的。

（8）其他导致注册失效的情形。

《注册监理工程师管理规定》第十五条规定，注册监理工程师有下列情形之一的，负责审批的部门应当办理注销手续，收回注册证书和执业印章或者公告其注册证书和执业印章作废：

（1）不具有完全民事行为能力的。

（2）申请注销注册的。

（3）有本规定第十四条所列情形发生的。

（4）依法被撤销注册的。

（5）依法被吊销注册证书的。

（6）受到刑事处罚的。

（7）法律、法规规定应当注销注册的其他情形。

注册监理工程师有前款情形之一的，注册监理工程师本人和聘用单位应当及时向国务院建设行政主管部门提出注销注册的申请；有关单位和个人有权向国务院建设行政主管部门举报；县级以上地方人民政府建设行政主管部门或者有关部门应当及时报告或者告知国务院建设行政主管部门。

《注册监理工程师管理规定》第十六条规定，被注销注册者或者不予注册者，在重新具备初始注册条件，并符合继续教育要求后，可以按规定的程序重新申请注册。

## 三、监理工程师职业准则

### 1. 职业道德准则

监理工程师在施工监理过程中，应本着“严格监理、热情服务、秉公办事、一丝不苟、廉洁自律”的监理原则，遵守以下职业准则：

（1）坚持公开、公正、公平、诚信的原则，不损害国家和集体利益，不违反工程建设管理规章制度。尽职尽责、兢兢业业地执行监理工作。

（2）建立健全廉政制度，开展廉政教育，设立廉政告示牌，监督并认真查处违法违纪行为。

（3）不接受任何其他商业性委托，不泄露工程和建设单位的秘密，忠实履行职责，对建设单位负责。不在同一项目中既做监理又做施工单位的商业咨询，不泄露技术情报，不接受任何回扣、提成或其他间接报酬。不得接受施工单位的请客送礼，不得介绍施工队、民工在本工程中分包或转包，不做有损建设单位利益和影响公正的事情。

（4）当其认为正确的判断和建议被建设单位否决时，应向建设单位说明可能产生的后果。

（5）当认为建设单位的意见或判断不可能成功时，应向建设单位提出劝告。

（6）当证明监理的判断是错误时，要勇于承认错误，及时更正错误。

（7）当监理工作涉及建设单位和施工单位双方合法利益时，应按照合同规定，在授权范围内实事求是地进行处理。

**2. FIDIC 职业道德准则**

在国外，工程师的职业道德准则，由其协会组织制定并监督实施。国际咨询工程师联合会（FIDIC）于 1991 年在慕尼黑召开的全体成员大会上，讨论批准了 FIDIC 通用职业道德准则。该准则分别从对社会和职业的责任、能力、正直性、公正性、对他人的公正 5 个问题计 14 个方面规定了工程师的道德行为准则。国际咨询工程师联合会的成员都被要求认真地执行这一准则。FIDIC 职业道德准则表述如下。

——对社会和职业的责任。

（1）接受对社会的职业责任。

（2）寻求与确认的发展原则相适应的解决办法。

（3）在任何时候，维护职业的尊严、名誉和荣誉。

——能力。

（4）保持其知识和技能与技术、法规、管理的发展相一致的水平，对于委托人要求的服务采用相应的技能，并尽心尽力。

（5）只在有能力时从事服务。

——正直性。

（6）在任何时候均为委托人的合法权益行使其职责，并且正直和忠诚地进行职业服务。

——公正性。

（7）在提供职业咨询、评审或决策时不偏不倚。

（8）通知委托人在行使其委托权时可能引起的任何潜在的利益冲突。

（9）不接受可能导致判断不公的报酬。

——对他人的公正。

（10）加强“按照能力进行选择”的观念。

（11）不得故意或无意地做出损害他人名誉或事务的事情。

（12）不得直接或间接取代某一特定工作中已经任命的其他咨询工程师的位置。

（13）通知该咨询工程师并且接到委托人终止其先前任命的建议前不得取代该咨询工程师的工作。

（14）在被要求对其他咨询工程师的工作进行审查的情况下，要以适当的职业行为和礼节进行。

## 四、监理企业

监理企业是依法设立的，全部资本由股东出资，以营利为目的的企业法人。监理企业主要组织形式分为有限责任公司和股份有限公司。有限责任公司是指公司全体股东仅以各自的出资额为限对公司债务承担责任的公司。股份有限公司是指公司资本划分为等额股份，全体股东仅以各自持有的股份额为限对公司债务承担责任的公司。

《工程监理企业资质管理规定》（建设部令第 158 号）于 2007 年 8 月 1 日起施行。从事建设工程监理活动的企业，应当按照本规定取得工程监理企业资质，并在工程监理企业资质证书许可的范围内从事工程监理活动。

### 1. 监理企业资质的监督管理

国务院建设行政主管部门负责全国工程监理企业资质的统一监督管理工作。铁路、交通、水利、信息产业、民航等有关部门配合国务院建设行政主管部门实施相关资质类别工程监理企业资质的监督管理工作。

省、自治区、直辖市人民政府建设行政主管部门负责本行政区域内工程监理企业资质的统一监督管理工作。省、自治区、直辖市人民政府交通、水利、信息产业等有关部门配合同级建设行政主管部门实施相关资质类别工程监理企业资质的监督管理工作。

工程监理行业组织应当加强工程监理行业自律管理。国家鼓励工程监理企业加入工程监理行业组织。

### 2. 监理企业资质等级

工程监理企业资质分为综合资质、专业资质和事务所资质。其中，专业资质按照工程性质和技术特点划分为若干工程类别。综合资质、事务所资质不分级别。专业资质分为甲级、乙级；其中，房屋建筑、水利水电、公路和市政公用专业资质可设立丙级。

工程监理企业应在其资质许可的业务范围内承揽监理业务。获得综合资质的监理企业可以承担相应专业工程类别所有建设工程项目的工程监理业务；获得专业甲级资质的监理企业，可承担相应专业工程类别所有建设工程项目的工程监理业务；获得专业乙级资质的监理企业，可承担相应专业工程类别二级以下（含二级）建设工程项目的工程监理业务；获得专业丙级资质的监理企业，可承担相应专业工程类别三级建设工程项目的工程监理业务；获得事务所资质的监理企业，可承担三级建设工程项目的工程监理业务，但是，国家规定必须实行强制监理的工程除外。工程监理企业可以开展相应类别建设工程的项目管理、技术咨询等业务。

### 3. 监理企业资质有效期

工程监理企业资质证书分为正本和副本，每套资质证书包括一本正本，四本副本。正、副本具有同等法律效力。工程监理企业资质证书的有效期为 5 年。工程监理企业资质证书由国务院建设行政主管部门统一印制并发放。

资质有效期届满，工程监理企业需要继续从事工程监理活动的，应当在资质证书有效期届满 60 日前，向原资质许可机关申请办理延续手续。对在资质有效期内遵守有关法律、法规、规章、技术标准，信用档案中无不良记录，且专业技术人员满足资质标准要求的企业，经资质许可机关同意，有效期延续 5 年。

**4. 监理企业监督管理**

（1）工程监理企业不得有下列行为：① 与建设单位串通投标或者与其他工程监理企业串通投标，以行贿手段谋取中标；② 与建设单位或者施工单位串通弄虚作假、降低工程质量；③ 将不合格的建设工程、建筑材料、建筑构配件和设备按照合格签字；④ 超越本企业资质等级或以其他企业名义承揽监理业务；⑤ 允许其他单位或个人以本企业的名义承揽工程；⑥ 将承揽的监理业务转包；⑦ 在监理过程中实施商业贿赂；⑧ 涂改、伪造、出借、转让工程监理企业资质证书；⑨ 其他违反法律、法规的行为。

工程监理企业合并的，合并后存续或者新设立的工程监理企业可以承继合并前各方中较高的资质等级，但应当符合相应的资质等级条件。工程监理企业分立的，分立后企业的资质等级，根据实际达到的资质条件，按照《工程监理企业资质管理规定》规定的审批程序核定。

企业需增补工程监理企业资质证书的（含增加、更换、遗失补办），应当持资质证书增补申请及电子文档等材料向资质许可机关申请办理。遗失资质证书的，在申请补办前应当在公众媒体刊登遗失声明。资质许可机关应当自受理申请之日起 3 日内予以办理。

（2）监理企业有下列情形之一的，资质许可机关或者其上级机关，根据利害关系人的请求或者依据职权，可以撤销工程监理企业资质：① 资质许可机关工作人员滥用职权、玩忽职守作出准予工程监理企业资质许可的；② 超越法定职权作出准予工程监理企业资质许可的；③ 违反资质审批程序作出准予工程监理企业资质许可的；④ 对不符合许可条件的申请人作出准予工程监理企业资质许可的；⑤ 依法可以撤销资质证书的其他情形。

以欺骗、贿赂等不正当手段取得工程监理企业资质证书的，应当予以撤销。

（3）有下列情形之一的，工程监理企业应当及时向资质许可机关提出注销资质的申请，交回资质证书，国务院建设行政主管部门应当办理注销手续，公告其资质证书作废：① 资质证书有效期届满，未依法申请延续的；② 工程监理企业依法终止的；③ 工程监理企业资质依法被撤销、撤回或吊销的；④ 法律、法规规定的应当注销资质的其他情形。

（4）工程监理企业应当按照有关规定，向资质许可机关提供真实、准确、完整的工程监理企业的信用档案信息。工程监理企业的信用档案应当包括基本情况、业绩、工程质量和安全、合同违约等信息。被投诉举报和处理、行政处罚等情况应当作为不良行为记入其信用档案。工程监理企业的信用档案信息按照有关规定向社会公示，公众有权查阅。

工程监理企业未按照本规定要求提供工程监理企业信用档案信息的，由县级以上地方人民政府建设行政主管部门予以警告，责令限期改正；逾期未改正的，可处以 1 000 元以上 10 000 元以下的罚款。

**5. 监理企业的经营管理**

（1）获取监理业务的基本方式

工程监理企业承揽监理业务的基本方式有两种：一是通过投标竞争取得监理业务；二是由建设单位直接委托取得监理业务。

（2）建设工程监理费用的计算方式

建设工程监理与相关服务收费包括建设工程施工阶段的工程监理服务收费（以下简称施工监理服务收费）和勘察、设计、保修等阶段的相关服务收费（以下简称其他阶段的相关服务收费）。施工监理服务收费与其他阶段的相关服务收费根据建设项目性质不同情况，分别实行政府指导价或市场调节价。依法必须实行监理的施工监理服务收费实行政府指导价；其他施工监理服务收费和其他阶段的相关服务收费实行市场调节价。

实行政府指导价的施工监理服务收费，其基准价根据《建设工程监理与相关服务收费标准》计算，浮动幅度为上下 20%。建设单位和监理单位应当根据建设工程的实际情况在规定的浮动幅度内协商确定收费额。实行市场调节价的施工监理服务收费与其他阶段的相关服务收费，由建设单位和监理单位协商确定收费额。

施工监理服务收费按照下列公式计算：

① 施工监理服务收费=施工监理服务收费基准价×（1±浮动幅度值）

② 施工监理服务收费基准价=施工监理服务收费基价×专业调整系数×工程复杂程度调整系数×高程调整系数

a. 施工监理服务收费基价

施工监理服务收费基价是完成国家法律、法规、规范规定的施工阶段监理基本服务内容的价格。施工监理服务收费基价按施工监理服务收费基价表（表 1-2）确定，计费额处于两个数值区间的，采用线性内插法确定施工监理服务收费基价。

**表 1-2 施工监理服务收费基价表** 单位：万元

| 序号 | 计费额 | 收费基价 |
|---|---|---|
| 1 | 500 | 16.5 |
| 2 | 1 000 | 30.1 |
| 3 | 3 000 | 78.1 |
| 4 | 5 000 | 120.8 |
| 5 | 8 000 | 181.0 |
| 6 | 10 000 | 218.6 |

续表

| 序号 | 计费额 | 收费基价 |
|---|---|---|
| 7 | 20 000 | 393.4 |
| 8 | 40 000 | 708.2 |
| 9 | 60 000 | 991.4 |
| 10 | 80 000 | 1 255.8 |
| 11 | 100 000 | 1 507.0 |
| 12 | 200 000 | 2 712.5 |
| 13 | 400 000 | 4 882.6 |
| 14 | 600 000 | 6 835.6 |
| 15 | 800 000 | 8 658.4 |
| 16 | 1 000 000 | 10 390.1 |

注：计费额大于 1 000 000 万元的，以计费额乘以 1.039%的收费率计算收费基价。其他未包含的收费由双方协商议定。

b. 专业调整系数

专业调整系数是对不同专业建设工程的施工监理工作复杂程度和工作量差异进行调整的系数。计算施工监理服务收费时，专业调整系数可查表 1-3 选用。

**表 1-3　施工监理服务收费专业调整系数表**

| 工程类型 | 工程范围 | 专业调整系数 |
|---|---|---|
| 水利电力工程 | 风力发电、其他水利工程 | 0.9 |
| | 火电工程、送变电工程 | 1.0 |
| | 核能、水电、水库工程 | 1.2 |
| 交通运输工程 | 机场场道、助航灯光工程 | 0.9 |
| | 铁路、公路、城市道路、轻轨及机场空管工程 | 1.0 |
| | 水运、地铁、桥梁、隧道、索道工程 | 1.1 |
| 建筑市政工程 | 园林绿化工程 | 0.8 |
| | 建筑、人防、市政公用工程 | 1.0 |
| | 邮政、电信、广播电视工程 | 1.0 |
| 农业林业工程 | 农业工程 | 0.9 |
| | 林业工程 | 0.9 |

c. 工程复杂程度调整系数

工程复杂程度调整系数是对同一专业建设工程的施工监理复杂程度和工作量差异进行调整的系数。工程复杂程度分为一般、较复杂和复杂三个等级，其调整系数分别为：一般（Ⅰ级）0.85；较复杂（Ⅱ级）1.0；复杂（Ⅲ级）1.15。

d. 高程调整系数

高程调整系数如下：

海拔高程 2 001 m 以下的为 1；

海拔高程 2 001～3 000 m 为 1.1；

海拔高程 3 001～3 500 m 为 1.2；

海拔高程 3 501～4 000 m 为 1.3；

海拔高程 4 001 m 以上的，高程调整系数由发包人和监理人协商确定。

## 单元练习

一、选择题

1.（ ）要对工程项目的策划、资金筹措、建设实施、生产经营、债务偿还和资产的保值、增值等方面，实行全过程负责。

A. 建设单位　B. 施工单位　C. 监理单位　D. 咨询单位

2.（ ）的行为主体是政府部门，它具有明显的强制性，是行政性的监督管理部门。

A. 监理单位　B. 施工单位　C. 设计单位　D. 建设行政主管部门

3. 建设工程监理的依据包括（ ）。

A. 工程建设文件　B. 法律、法规、规章

C. 标准、规范　D. 监理合同

E. 工程监理总结报告

4. 建筑面积在（ ）万 $m^2$ 以上的住宅建设工程实行强制性监理。

A. 7　B. 5　C. 9　D. 3

5. 建设工程监理的性质主要包括（ ）。

A. 服务性　B. 复杂性　C. 科学性　D. 独立性

E. 公正性

6. 市场准入的双重控制是指对（ ）资质和（ ）资格的双重控制。

A. 企业、个人　B. 个人、企业　C. 企业、企业　D. 个人、个人

7. 法律的效力高于（　　），（　　）的效力高于部门规章。

A. 规章制度　　B. 管理章程　　C. 行政法规　　D. 部门条例

8. 工程监理单位与被监理工程的（　　）以及（　　）、（　　）和（　　）不得有隶属关系或者其他利害关系。

A. 建设单位　　B. 承包单位　　C. 建筑构配件　　D. 设备供应单位

E. 建筑材料

9. 安全生产工作应当以人为本，坚持人民至上、生命至上，把保护人民生命安全摆在首位，树牢安全发展理念，坚持（　　）的方针，从源头上防范化解重大安全风险。

A. 安全第一、预防为主　　B. 质量第一、预防为主

C. 质量第一、预防为主、综合治理　　D. 安全第一、预防为主、综合治理

10. 生产经营单位的主要负责人是本单位安全生产（　　）责任人，对本单位的安全生产工作全面负责。

A. 第二　　B. 第一　　C. 第三　　D. 第四

二、简答题

1. 简述建设工程监理的作用。

2. 简述建设工程必须实行监理的工程范围。

3. 简述项目建议书基本内容。

4. 简述总监理工程师负责制的内涵。

5. 简述施工许可证需要满足哪些条件。

三、案例题

广东省广州市某开发区因经济发展需要，准备建设一栋综合性办公大楼。该工程总建筑面积为 51 138 $m^2$，结构为短肢剪力墙结构，地下 2 层，地上 26 层，建筑高度为 77.8 m，投资概算为 6 000 多万元。该工程在开工准备阶段需要通过招标方式选择一家工程监理企业。

1. 企业必须具备哪些资质条件才能符合该工程监理要求？

2. 工程监理企业委派的总监理工程师需要具备哪些资格条件？

3. 项目监理机构各监理岗位的工作职责是什么？

# 单元 2 建设工程监理组织

## 学习目标

1. 掌握组织的概念。
2. 熟悉建设工程组织管理的基本模式。
3. 熟悉建设工程组织管理模式下的监理模式。
4. 熟悉建设工程监理的实施流程。
5. 了解建设工程监理的组织协调。
6. 根据具体的工程组织管理模式，组建合理的项目监理机构。
7. 能结合工程实际，充分协调建设工程施工过程中各生产要素。
8. 养成良好的团队协作精神。
9. 养成服从组织工作安排，服从大局的敬业精神。

## 导读

### “支部建在连上”确立党对军队的绝对领导

1927 年 9 月，毛泽东率领秋收起义部队到达江西省永新县三湾村时对部队进行整编，这就是著名的“三湾改编”。三湾改编的主要内容是，将党的支部建在连上，成立各级士兵委员会，实行民主制度，在政治上官兵平等，并初步酝酿出“三大纪律、八项注意”。三湾改编初步解决了如何把以农民及旧军人为主要成分的革命军队建设成为无产阶级新型人民军队的问题，保证了党对军队的绝对领导，奠定了政治建军的基础。

三湾改编给我们的启示是：科学、合理、先进的组织，是革命事业成功的重要保证。在工程监理中也是这样，采用合理的组织机构和监理模式，才能保证监理工作顺利实施，取得理想的项目控制目标。

# 2.1 组织的基本概念

## 一、组织的概念

组织是指人们为了实现系统的目标，通过明确分工与协作的关系，建立权力和责任体系而构成一体化的人员的组合体及其运行的过程。

由组织的概念可知，组织具有以下三个特点：

（1）目的性。目标是组织存在的前提，即组织必须要有目标。

（2）协作性。没有分工与协作就不是组织，组织必须有适当的分工与协作，是组织效能的保证。

（3）制度性。没有不同层次的权力和责任制度就不能实现组织活动和组织目标，因此组织必须建立权力和责任制度。

## 二、组织的构成因素

组织的构成一般呈金字塔的形式。从上到下权力和责任递减，人数递增，组织结构的确定由管理层次、管理跨度、管理部门、管理职责四个因素组成，各因素密切相关、相互制约。在组织结构确定过程中，必须综合考虑各因素及相互间的平衡与衔接。

### 1. 管理层次

管理层次是指从最高管理者到基层的实际工作人员之间的分级管理的层次数量。通常情况下，管理层次可分为以下三个：

决策层：主要任务是确定管理组织的根本目标和大政方针，它必须精干、高效。在监理项目部中，总监理工程师就是决策层。

协调层：主要任务是参谋、咨询及直接调动和组织各种具体活动内容，其人员应有较高的业务工作能力、实干精神，并能坚决贯彻管理指令。在监理项目部中，各专业监理工程师就是协调层。

执行层（操作层）：主要任务是从事具体操作和完成基层的具体工作任务，其人员应有熟练的作业技能。在监理项目部中，监理员就是执行层。

### 2. 管理跨度

管理跨度又称管理幅度，是指某上级管理人员所直接管理的下级人员的数量或部门数量。由于每一个人的能力和精力都是有限度的，因此，一位上级管理人员能够直接、有效地指挥下级的数量也具有一定限度。

在组织中，管理跨度越大，领导者需要协调的工作量越大，管理的难度也越大。因此，必须合理地确定各级管理者的管理跨度，才能使组织高效地运作。

**3. 管理部门**

管理部门是组织机构内部专门从事某方面业务工作的单位。管理部门的划分要根据组织目标与工作内容、性质，按分工合理的原则来确定，使其形成既互相分工又相互配合的组织机构。在组织中，各管理部门的合理划分对于有效地发挥组织效能是十分重要的。如果部门划分不合理，则会造成人浮于事，浪费人力、物力、财力。因此，在管理部门划分时应做到：适应需要，有明确的业务范围和工作量；功能专一，利于实行专业化的管理；权责分明，便于协作。

**4. 管理职责**

组织设计确定各管理部门的职能，使各管理部门有职有责、分工明确。在具体工作中，纵向便于领导、检查，灵活指挥，从而达到指令传递快，信息反馈及时、准确；横向便于各部门相互联系，协调一致，使各部门有职有责、尽职尽责。

目前，组织结构图是描述组织结构的较为直观有效的办法，它是通过绘制能表明组织的正式职权和联系网络的框图来表示组织结构的一种方法。某监理项目部的组织结构图如图 2-1 所示。

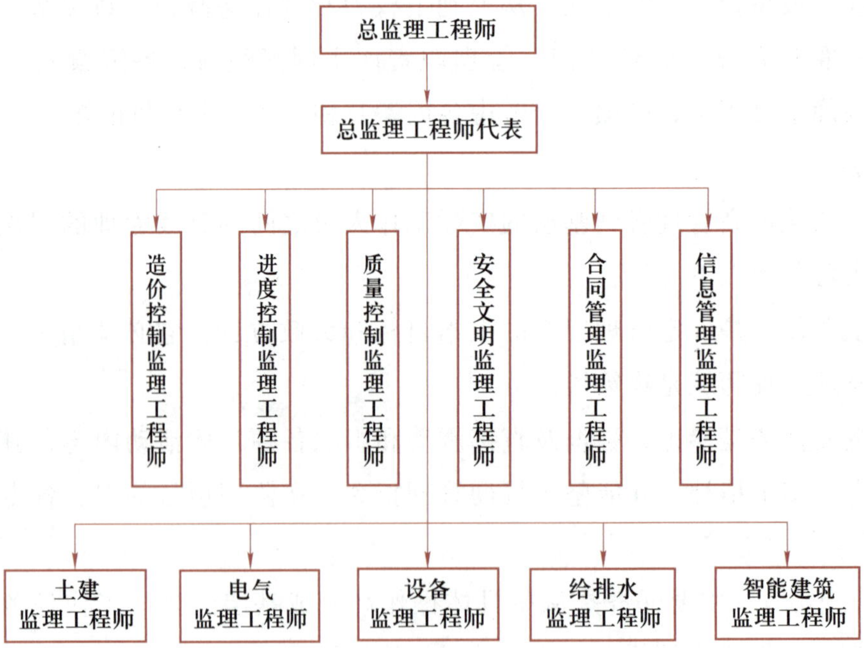


图 2-1 某监理项目部的组织结构图

# 2.2 建设工程组织管理基本模式与监理模式

建设工程项目落实的基本形式是承发包。建设工程项目的承发包与建设监理制度的实施，使工程建设形成了以建设单位、施工单位和监理单位为三大主体的建设工程组织管理系统。三大主体在建设工程组织管理系统中是平等的关系，为实现工程项目的总目标而相互联结在一起，这种关系是以承包合同及委托监理合同来确立和维系的。

建设工程组织管理模式主要有平行承发包、设计或施工总承包、工程总承包、工程总承包管理等模式。在管理过程中，可根据不同的承发包模式确定不同的监理模式。

## 一、平行承发包模式及其监理模式

平行承发包模式是指建设单位将建设工程项目的设计、施工以及材料和设备采购的任务按一定的方式进行分解，分别发包给若干个设计单位、施工单位、材料供应单位和设备供应单位，并分别与各方签订合同。各设计单位之间的关系、各施工单位之间的关系、各材料供应单位之间的关系、各设备供应单位之间的关系也都是平行的。平行承发包模式如图 2-2 所示。

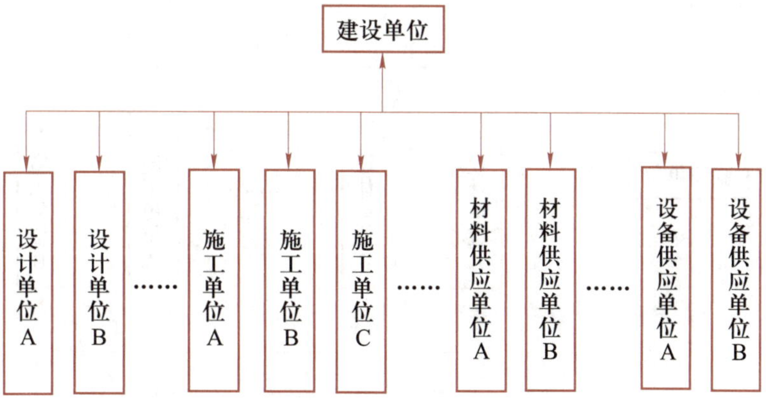


图 2-2　平行承发包模式

### 1. 平行承发包模式的优缺点

（1）优点

① 有利于择优确定施工单位。随着市场经济的发展，建筑市场上专业性强、规模小的承包单位已占有较大的比例。平行承发包模式的合同内容比较单一，合同价值与工程风险均比较小，这些专业性强、规模小的承包单位有可能参与竞争。这样，无论大施工单位还是中小

施工单位，都有同等的竞争机会，扩大建设单位的可选择范围，为择优确定承包单位创造了条件。② 有利于工程质量控制。整个工程经过分解分别发包给各施工单位，合同约束与相互制约使每一个单位都能够较好地完成质量要求。例如，主体工程与设备安装分别由两个施工单位承包，若主体工程不合格，设备安装单位不会同意在不合格的主体上进行设备的安装，这相当于质量有了他人控制，比自控具有更强的约束力。③ 有利于缩短工期目标。由于设计和施工任务经过分解分别发包，设计与施工阶段形成一定的搭接关系，从而缩短整个建设工程的工期。

（2）缺点

① 合同数量多，会造成合同管理较为复杂。平行承发包模式合同数量多，合同关系复杂，使建设工程项目系统内结合部位数量增加，组织协调工作量增加、难度加大。② 造价控制难度大。这主要表现在：一是总合同价格短期内难以确定，影响项目造价控制实施；二是工程招标任务量大，需控制多项合同价格，增加了造价控制的工作量及难度；三是在施工过程中设计变更和修改较多，导致造价增加。

**2. 平行承发包模式相应的监理模式**

与平行承发包模式相适应的最常见的监理模式是建设单位委托一家监理单位为其提供监理服务，如图 2-3 所示。这种监理模式要求监理单位具有较强的合同管理和组织协调能力，并能做好全面的规划工作。

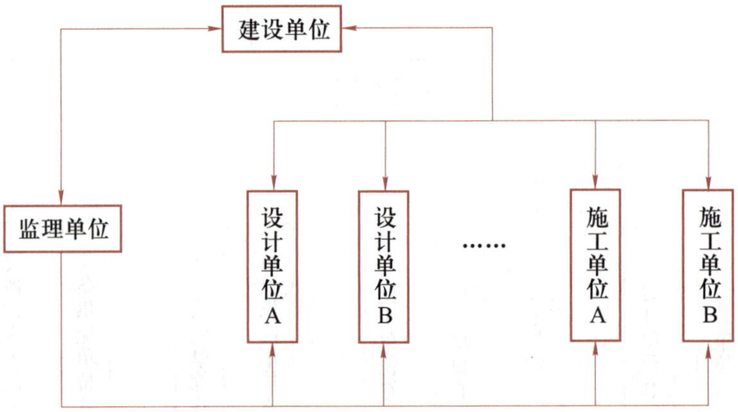


图 2-3　建设单位委托一家监理单位的监理模式

## 二、设计或施工总承包模式及其监理模式

设计或施工总承包模式是指建设单位将全部设计任务发包给一个设计单位，让其作为设计总承包；将全部施工任务发包给一个施工单位，让其作为施工总承包。总承包单位还可以将其任务的一部分分包给其他的施工单位，从而形成一个设计总合同、一个施工总合同以及若干个分包合同的模式。设计或施工总承包模式如图 2-4 所示。

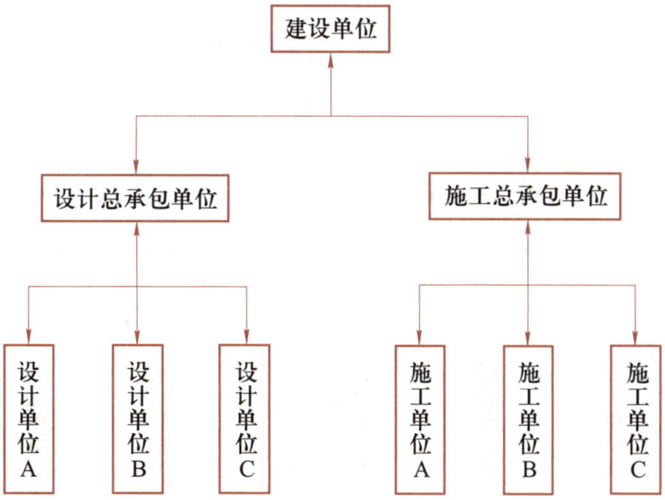


图 2-4 设计或施工总承包模式

**1. 设计或施工总承包模式的优缺点**

（1）优点

① 有利于建设工程的组织管理。由于建设单位只与设计总承包单位或施工总承包单位签订设计或施工总承包合同，合同数量比平行承发包模式要少得多，所以对合同管理非常有利。② 有利于造价控制。总承包合同价格可以较早确定，有利于监理企业掌握和控制项目的总造价额。③ 有利于质量控制。在质量方面，各分包单位进行自控，同时又有总承包单位的监督及监理单位的检查、认可，形成多道质量控制防线，这样对质量控制有利。④ 有利于进度控制。这种模式使总承包单位具有控制的积极性，各分包单位之间也能相互制约，有利于监理工程师对项目总体进度的协调与控制。

（2）缺点

① 建设周期相对较长。由于设计图纸全部完成后才能进行施工总承包的招标，施工招标需要一定的时间，所以不能将设计阶段与施工阶段进行最大限度的搭接。② 总承包报价一般较高。一方面，由于建设工程的发包规模较大，一般而言只有大型施工单位才具有总承包的资格和能力，不利于组织有效的招标竞争；另一方面，对于分包出去的工程内容，总承包单位向建设单位的报价中一般都需要在分包的价格基础上加收管理费用。

**2. 设计或施工总承包模式相应的监理模式**

针对设计或施工总承包模式，建设单位可以委托一家监理单位进行全过程监理，如图 2-5 所示；也可以按设计阶段和施工阶段分别委托不同的监理单位进行监理，如图 2-6 所示。

在此模式中，虽然承包合同的乙方的最终责任由总承包单位来承担，但分包单位的资质、能力直接影响着工程质量、进度等目标的实现。所以，监理工程师必须做好对分包单位的资质审查和确认工作。

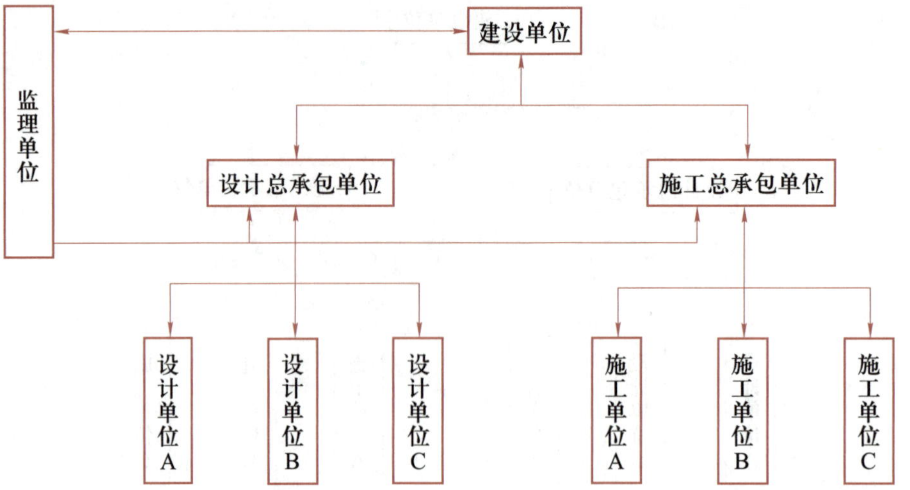


图 2-5 设计或施工总承包委托一家监理单位的监理模式

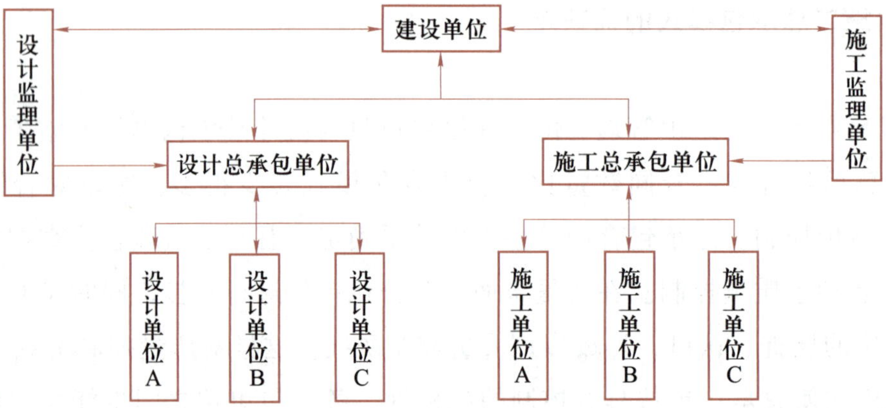


图 2-6 设计或施工总承包按阶段委托不同监理单位的监理模式

## 三、工程总承包模式及其监理模式

《国务院办公厅关于促进建筑业持续健康发展的意见》（国办发〔2017〕19 号）第三点指出，完善工程建设组织模式，加快推行工程总承包，装配式建筑原则上应采用工程总承包模式。政府投资工程应完善建设管理模式，带头推行工程总承包。加快完善工程总承包相关的招标投标、施工许可、竣工验收等制度规定。按照总承包负总责的原则，落实工程总承包单位在工程质量安全、进度控制、成本管理等方面的责任。

工程总承包模式是指从事工程总承包的企业受建设单位的委托，按照工程总承包合同的约定，对工程项目的勘察、设计、采购、施工、试运行（竣工验收）等实行全过程或若干阶段的承包，如图 2-7 所示。这种承发包模式又称“交钥匙工程”。

工程总承包模式适用于简单、明确的常规性工程，如一般性商业用房、标准化建筑等。对于一些专业性较强的工业建筑，如钢铁、化工、水利等工程，由专业性的施工公司进行工程总承包也是常见的。

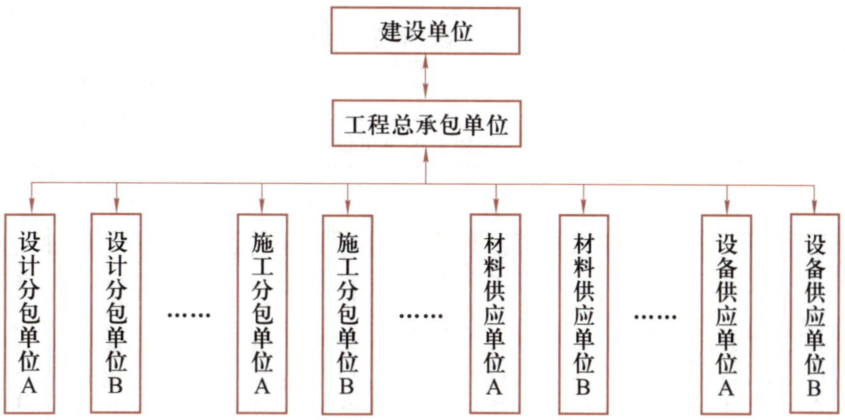


图 2-7 工程总承包模式

**1. 工程总承包模式的优缺点**

（1）优点

① 合同关系简单，协调工作量小。建设单位与工程总承包方之间只有一个主合同，合同关系大大简化。监理工程师主要与工程总承包单位进行协调。大量的协调工作量转移到工程总承包单位内部及其与分包单位之间，这就使得建设工程监理的协调量大为减少。② 有利于造价控制。在设计与施工统筹考虑的基础上，从价值工程的角度来讲可提高项目的经济性，但这并不意味着工程总承包的价格低。③ 有利于进度控制。设计与施工由一个单位统筹安排，可使这两个阶段能够有机地结合，容易做到设计阶段与施工阶段进度上的相互搭接，可以缩短建设周期。

（2）缺点

① 合同管理难度大。合同条款的确定难以具体化，因此，容易造成较多的合同纠纷，使合同管理的难度加大，也不利于招标的进行。② 建设单位择优选择承包单位的范围小，往往导致合同价格较高。在选择招标单位时，由于承包量大、工作进行较早、工程信息未知数多，因此，施工单位可能要承担较大的风险。③ 不利于质量控制。“他人控制”机制薄弱。

**2. 工程总承包模式相应的监理模式**

在工程总承包模式下，建设单位与工程总承包单位只签订一份总承包合同，一般宜委托一家监理单位进行全过程监理，如图 2-8 所示。这种委托模式下，监理工程师需具备较全面的知识，重点要做好合同管理工作。

## 四、工程总承包管理模式及其监理模式

工程总承包管理模式是指建设单位将工程项目的建设任务发包给专门从事建设工程组织管理的单位（工程总承包管理单位），再由其分包给若干个设计单位、施工单位、材料供应单位和设备供应单位，并对分包的各个单位实施工程项目建设的管理，如图 2-9 所示。

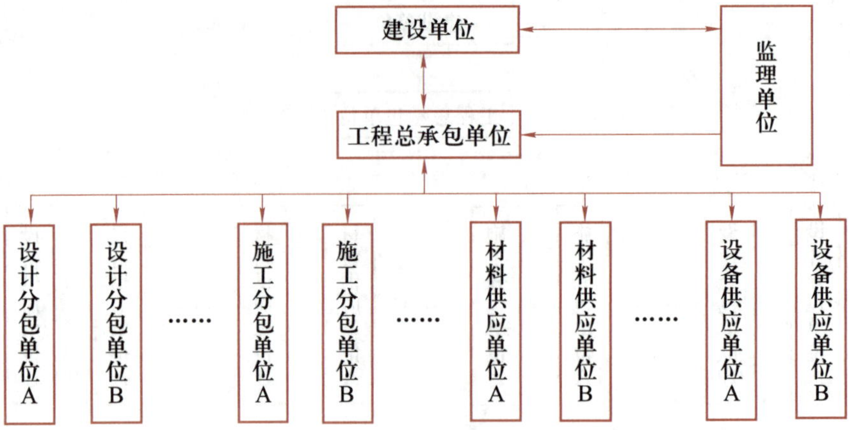


图 2-8 工程总承包模式相应的监理模式

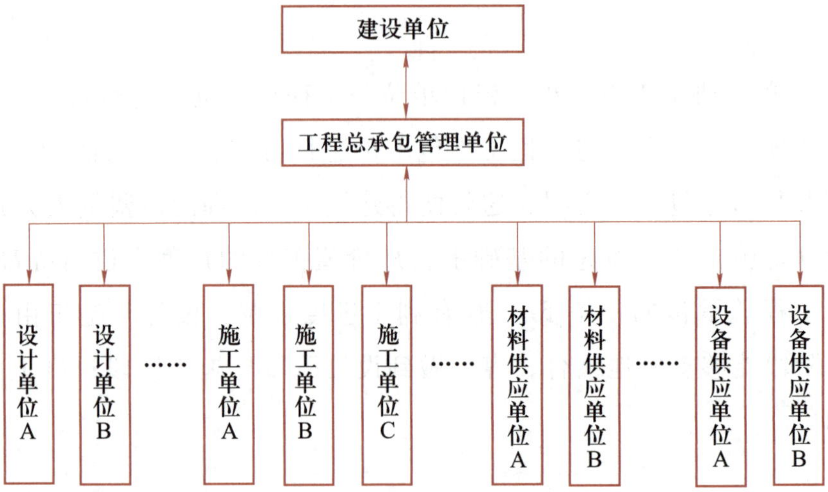


图 2-9 工程总承包管理模式

工程总承包管理与工程总承包不同之处在于：前者不直接进行设计与施工，没有自己的设计和施工力量，而是将承接的设计与施工任务全部分包出去，并负责工程项目建设的管理；后者有自己的设计、施工力量，可直接进行设计、施工、材料和设备采购等工作。

**1. 工程总承包管理模式的优缺点**

（1）优点

工程总承包管理模式与工程总承包模式类似，合同关系简单，组织协调比较有利，进度和造价控制也较为有利。

（2）缺点

① 由于工程总承包管理单位与设计、施工单位是总包与分包关系，后者才是项目实施的基本力量，所以，监理工程师对分包单位资质条件的确认工作就成了十分关键的问题。② 工程总承包管理单位自身经济实力一般比较弱，而承担的风险相对较大，因此，采用这种承发包模式前应以慎重的态度对其进行分析论证。

2. 工程总承包管理模式相应的监理模式

采用工程总承包管理模式的总承包单位一般属于管理型的“智力密集型”企业，其主要的工作是承担工程项目的管理。由于建设单位与总承包单位只签订一份总承包合同，因此，建设单位最好委托一家监理单位实施监理，这样便于监理工程师对总承包合同和总承包单位的分包等进行管理。虽然总承包单位和监理单位均是进行工程项目管理的，但两者的性质、立场、内容等均有较大的区别，不可相互取代。工程总承包管理模式相应的监理模式如图 2-10 所示。

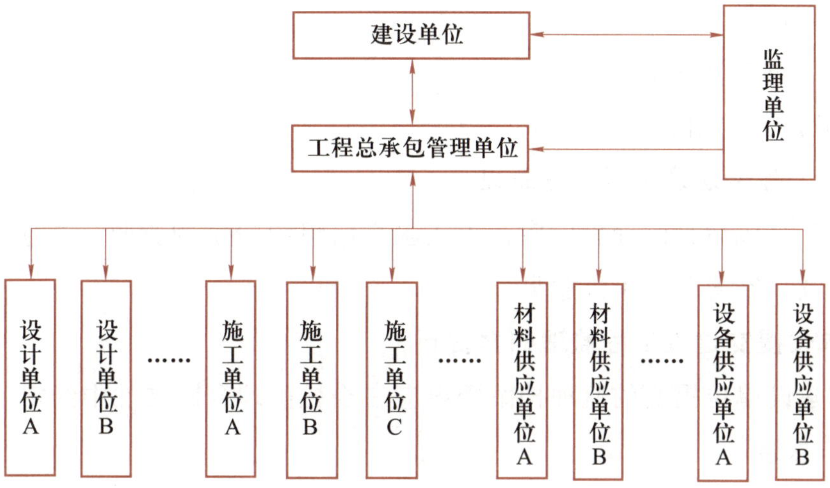


图 2-10 工程总承包管理模式相应的监理模式

# 2.3 建设工程监理的实施

## 一、建设工程监理的实施程序

### 1. 确定项目总监理工程师，成立项目监理机构

根据《建设工程监理规范》（GB/T 50319—2013）3.1.1 条规定，工程监理单位实施监理时，应在施工现场派驻项目监理机构。项目监理机构的组织形式和规模，可根据建设工程监理合同约定的服务内容、服务期限，以及工程特点、规模、技术复杂程度、环境等因素确定。

监理单位应根据建设工程的规模、性质、建设单位对监理的要求，委派称职的人员担任项目总监理工程师。总监理工程师应由注册监理工程师担任，是建设工程监理工作的总负责人，对内向监理单位负责，对外向建设单位负责。

总监理工程师在组建项目监理机构时，应根据监理大纲内容和签订的委托监理合同内容组建，并在监理规划和具体实施计划执行中进行及时的调整。

**2. 编制建设工程监理规划**

详见单元3有关内容。

**3. 制订各专业监理实施细则**

详见单元3有关内容。

**4. 规范化地开展监理工作**

监理工作的规范化体现在：

（1）工作的时序性。

（2）职责分工的严密性。

（3）工作目标的确定性。

**5. 参与验收，签署建设工程监理意见**

建设工程施工完成后，监理单位应在正式验交前组织竣工预验收，并应参加建设单位组织的工程竣工验收，签署监理单位意见。

**6. 向建设单位提交建设工程监理档案资料**

监理单位向建设单位提交的监理档案资料应在委托监理合同文件中约定。

**7. 监理工作总结**

项目监理机构应及时从两方面进行监理工作总结：

（1）向建设单位提交的监理工作总结。

（2）向监理单位提交的监理工作总结。

## 二、项目监理机构的建立

**1. 项目监理机构建立的步骤**

（1）确定项目监理机构的目标

制订总目标并明确划分监理机构的分解目标。

（2）确定监理工作内容

根据监理目标和委托监理合同中规定的监理任务，明确列出监理工作内容，并进行分类归并及组合。

（3）确定项目监理机构的组织结构设计

① 选择组织结构形式。选择组织结构形式的基本原则是：有利于工程合同管理，有利于监理目标控制，有利于决策指挥，有利于信息沟通。② 合理确定管理层次与管理跨度。项目监理机构中一般应有三个层次：决策层，由总监理工程师及其助手组成；中间控制层（协调层和执行层），由各专业监理工程师组成；作业层（操作层），主要由监理员、检查员等组成。③ 划分项目监理机构部门。项目监理机构应按监理工作内容形成相应的管理部门。④ 制

订岗位职责及考核标准。⑤ 选派监理人员。监理人员的选择除应考虑个人素质外，还应考虑人员总体构成的合理性与协调性。

（4）制订工作流程和信息流程

**2. 项目监理机构的组织形式**

（1）直线制监理组织

直线制监理组织是最简单的组织形式，它的特点是组织中各种职位是按垂直系统直线排列的，项目监理机构中任何一个下级只接受唯一上级的命令。各级部门主管人员对所属部门的问题负责，项目监理机构中不另设职能机构，如图 2-11 所示。

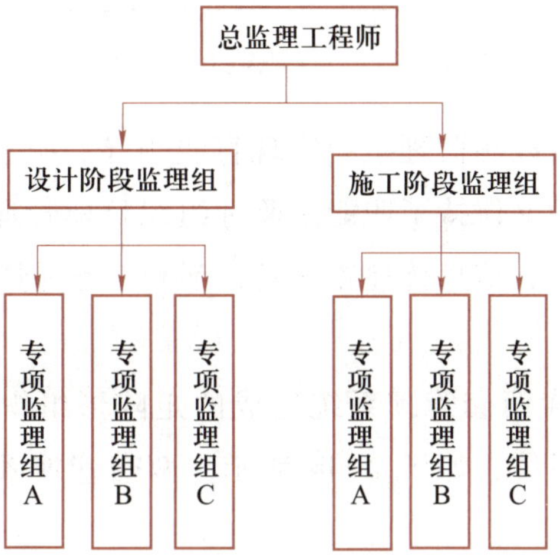


图 2-11 直线制监理组织

直线制监理组织的主要优点是机构简单、权力集中、命令统一、职责分明、决策迅速、隶属关系明确；缺点是实行没有职能机构的“个人管理”，没有监督机制。

（2）职能制监理组织

职能制监理组织是在总监理工程师下设置一些职能机构，分别从职能角度对基层监理组进行业务管理，这些职能机构可以在总监理工程师授权的范围内，就其主管的业务范围向下下达命令和指示，如图 2-12 所示。这种形式适用于地理位置上相对集中的大中型建设工程。

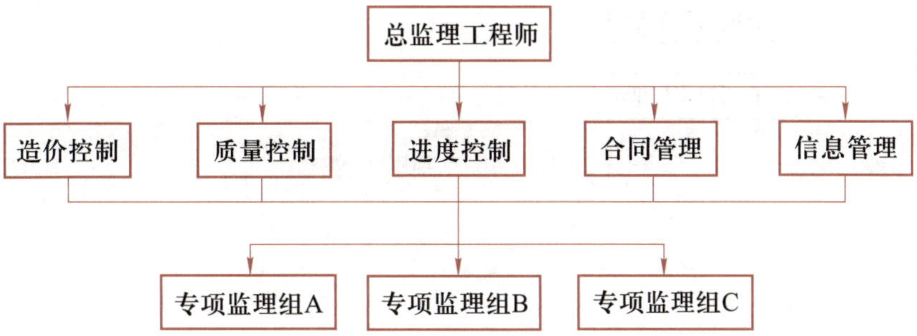


图 2-12 职能制监理组织

(3) 直线职能制监理组织

直线职能制监理组织是吸收了直线制组织和职能制监理组织的优点而构成的一种组织形式，如图 2-13 所示。

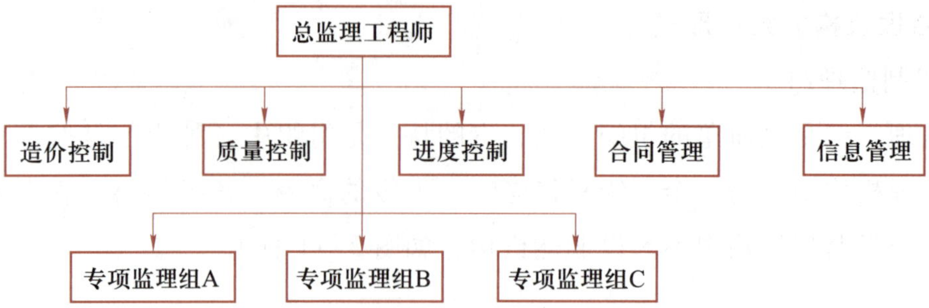


图 2-13 直线职能制监理组织

这种形式一方面保持了直线制监理组织实现直线领导、统一指挥、职责明确的优点，有利于提高办事效率；另一方面又保持了职能制监理组织目标管理专业化的优点。其缺点是职能部门与指挥部门易产生矛盾，信息传递路线长，不利于互通情报。

(4) 矩阵制监理组织

矩阵制监理组织是由纵横两套管理系统组成的矩阵形组织结构，一套是纵向的职能系统，另一套是横向的子项目系统，如图 2-14 所示。两套管理系统在监理工作中是相互融合的关系，两者协同解决问题。

这种形式的优点是加强了各职能部门的横向联系，具有较大的机动性和适应性，实现了上下左右集权与分权的最优结合，有利于解决复杂难题，有利于培养监理人员业务能力。其缺点是纵横向需要协调的工作量大，处理不当会造成扯皮现象，产生矛盾。

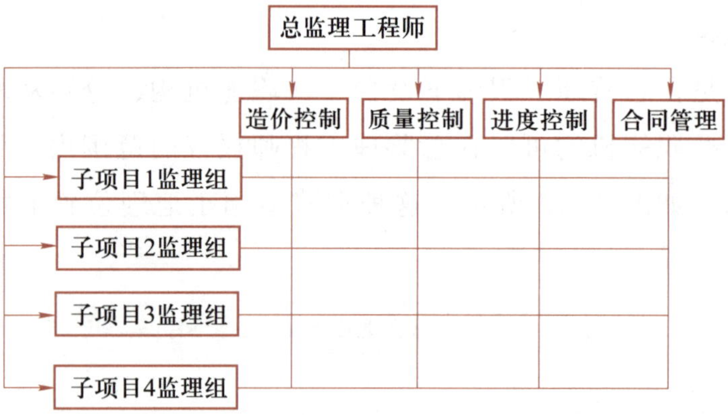


图 2-14 矩阵制监理组织

【案例】

某监理公司是当地知名大型监理公司，在职员工约 600 人，各类人才齐全，职能部门完整，实力雄厚。某监理公司管理结构如图 2-15 所示。

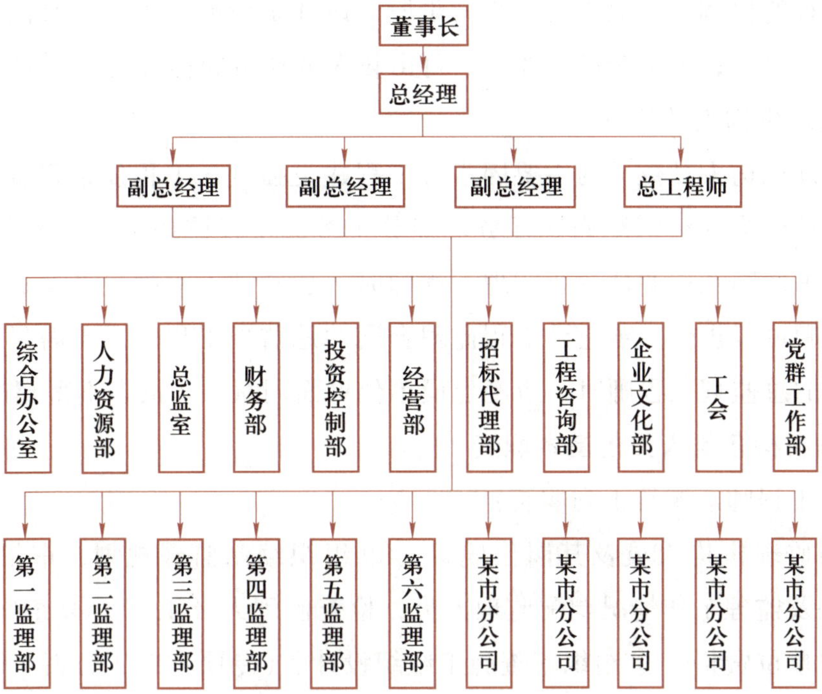

图 2-15　某监理公司管理结构图

该公司派驻施工现场项目部监理机构的组织形式如图 2-16 所示。

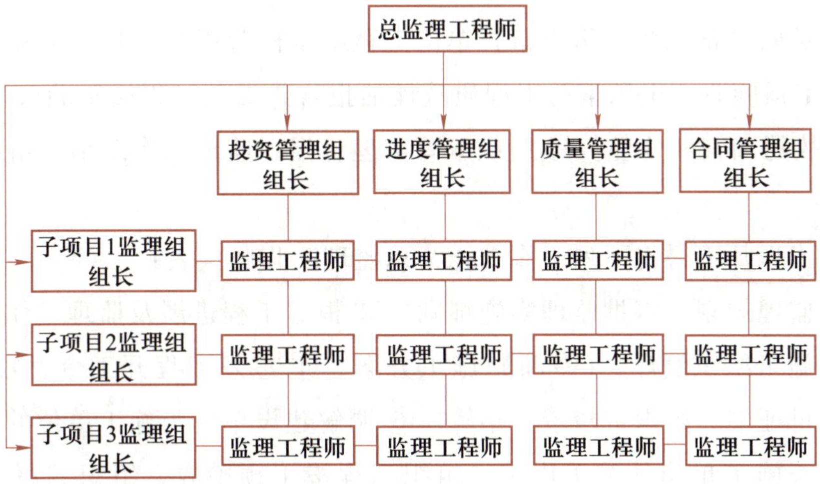

图 2-16　某项目部监理机构的组织形式（矩阵制）

### 3. 项目监理机构的人员配备

（1）项目监理机构人员结构

《建设工程监理规范》（GB/T 50319—2013）3. 1. 2 条规定，项目监理机构的监理人员应由总监理工程师、专业监理工程师和监理员组成，且专业配套、数量应满足建设工程监理工作需要，必要时可设总监理工程师代表。

项目监理机构应具有合理的人员结构，包括以下两方面的内容：① 合理的专业结构，也就是各专业人员要配套。② 合理的技术职务、职称结构，表现在高级、中级和初级职称有与监理工作要求相称的比例。一般来说，决策阶段、设计阶段的监理，具有高级职称及中级职称的人员应占绝大多数；施工阶段的监理，可由较多的初级职称人员从事实际操作。

（2）项目监理机构人员数量

影响项目监理机构人员数量的主要因素有工程建设强度、工程复杂程度、监理单位的业务水平、项目监理机构的组织结构和任务职能分工等。工程监理单位调换总监理工程师时，应征得建设单位书面同意；调换专业监理工程师时，总监理工程师应书面通知建设单位。一名注册监理工程师可以担任一项建设工程监理合同的总监理工程师。当需要同时担任多项建设工程监理合同的总监理工程师时，应经建设单位书面同意，且最多不得超过三项。

**4. 项目监理机构各类人员的基本职责**

（1）总监理工程师应履行下列职责：

① 确定项目监理机构人员及其岗位职责。② 组织编制监理规划，审批监理实施细则。③ 根据工程进展及监理工作情况调配监理人员，检查监理人员工作。④ 组织召开监理例会。⑤ 组织审核分包单位资格。⑥ 组织审查施工组织设计、（专项）施工方案。⑦ 审查工程开复工报审表，签发工程开工令、暂停令和复工令。⑧ 组织检查施工单位现场质量、安全生产管理体系的建立及运行情况。⑨ 组织审核施工单位的付款申请，签发工程款支付证书，组织审核竣工结算。⑩ 组织审查和处理工程变更。⑪ 调解建设单位与施工单位的合同争议，处理工程索赔。⑫ 组织验收分部工程，组织审查单位工程质量检验资料。⑬ 审查施工单位的竣工申请，组织工程竣工预验收，组织编写工程质量评估报告，参与工程竣工验收。⑭ 参与或配合工程质量安全事故的调查和处理。⑮ 组织编写监理月报、监理工作总结，组织整理监理文件资料。

（2）总监理工程师不得将下列工作委托给总监理工程师代表：

① 组织编制监理规划，审批监理实施细则。② 根据工程进展及监理工作情况调配监理人员。③ 组织审查施工组织设计、（专项）施工方案。④ 签发工程开工令、暂停令和复工令。⑤ 签发工程款支付证书，组织审核竣工结算。⑥ 调解建设单位与施工单位的合同争议，处理工程索赔。⑦ 审查施工单位的竣工申请，组织工程竣工预验收，组织编写工程质量评估报告，参与工程竣工验收。⑧ 参与或配合工程质量安全事故的调查和处理。

（3）专业监理工程师应履行下列职责：

① 参与编制监理规划，负责编制监理实施细则。② 审查施工单位提交的涉及本专业的报审文件，并向总监理工程师报告。③ 参与审核分包单位资格。④ 指导、检查监理员工作，定期向总监理工程师报告本专业监理工作实施情况。⑤ 检查进场的工程材料、构配件、设备的质量。⑥ 验收检验批、隐蔽工程、分项工程，参与验收分部工程。⑦ 处置发现的质量问题和安全隐患。⑧ 进行工程计量。⑨ 参与工程变更的审查和处理。⑩ 组织编写监理日志，参与

编写监理月报。⑪ 收集、汇总、参与整理监理文件资料。⑫ 参与工程竣工预验收和竣工验收。

（4）监理员应履行下列职责：

① 检查施工单位投入工程的人力、主要设备的使用及运行状况。② 进行见证取样。③复核工程计量有关数据。④ 检查工序施工结果。⑤ 发现施工作业中的问题，及时指出并向专业监理工程师报告。

## 2.4 建设工程监理的组织协调

为了实现监理目标，一方面需要监理工程师有较强的专业知识和对监理程序的有效执行，还有一个重要方面，就是监理工程师要有较强的组织协调能力。通过组织协调，使得影响项目监理目标实现的各个方面处于统一体中，使得项目体系结构均衡，监理工作实施和运行顺利。

### 一、项目监理组织协调的概念和目的

协调就是联结、联合、调和所有的活动，使各方配合适当，其目的是促使各方协调一致，以实现预定的目标。

### 二、项目监理组织协调的范围和层次

在中国目前的工程项目建设监理中，要保证项目的各参与方围绕项目开展工作，使项目目标顺利实现，其中组织协调最为重要，也是监理工作成功的关键。

建设工程项目主要包含三个主要的组织系统，即建设单位、施工单位和监理单位。而整个建设项目又处在社会的大环境之中，项目的组织协调工作包括系统的内部协调，即建设单位、施工单位和监理单位之间的协调，也包括系统的外部协调，如政府部门、金融组织、社会团体、服务单位、新闻媒体以及周边群众等的协调。

协调的目的显然是实现质量高、投资少、工期短三大目标。按工程合同做好协调工作，固然为三大目标的实现创造了很好的条件，但仅有这方面的条件还不够，还需要通过更大范围的协调，创造良好的人际关系以及与政府和社团组织的良好社会关系等多方面的外部条件。

从协调方法的角度看，项目监理机构协调的范围分为系统内部的协调和系统外部的协调。系统外部的协调又分为近外层协调和远外层协调。近外层和远外层的主要区别是：建设

工程与近外层关联单位一般有合同关系，与远外层关联单位一般没有合同关系。

## 三、项目监理组织协调的内容

### 1. 项目监理机构内部的协调

（1）协调好人际关系，激励项目监理机构成员。

（2）项目监理机构内部组织关系的协调。

（3）在职能划分的基础上设置组织机构，根据委托监理合同所规定的工作内容，确定职能划分，并设置相应配套的组织机构。

（4）明确规定每个部门的目标、职责和权限。

（5）建立信息沟通制度。通过工作例会、业务碰头会，发送会议纪要、工作流程图或信息传递卡等方式来沟通信息，适应全局需要。

（6）及时消除工作中的矛盾或冲突。

（7）对监理设备、材料的平衡。

### 2. 与建设单位的协调

监理实践证明，监理目标能否顺利实现和与建设单位协调的好坏有很大的关系。监理工程师应从以下几方面加强与建设单位的协调。

（1）监理工程师首先要理解建设工程总目标、建设单位的意图。对未能参加项目决策过程的监理工程师，要求必须了解项目构思的基础、起因、出发点，否则可能对监理目标及任务有不完整的理解，会给今后工作造成很大的困难。

（2）利用工作之便做好监理宣传工作，增进建设单位对监理工作的理解，特别是对建设工程管理各方职责及监理程序的理解；主动帮助建设单位处理建设工程中的事务性工作，以自己规范化、标准化、制度化的工作去影响和促进双方工作的协调一致。

（3）尊重建设单位，同建设单位一起投入建设工程全过程。必须执行建设单位的指令，使建设单位满意。对建设单位提出的某些不适当的要求，只要不属于原则性问题，都可先按规范、规程执行，然后利用适当时机、适当方式加以说明或解释；对于原则性问题，可采取书面报告等方式说明原因，以使建设工程顺利实施。

### 3. 与施工单位的协调

监理工程师对质量、进度和造价的控制都是通过施工单位的工作来实现的，所以做好与施工单位的协调工作是监理工程师组织协调工作的重要内容。监理工程师协调与施工单位的工作应注意以下两个方面：

（1）坚持原则，实事求是，严格按规范、规程办事。

（2）方式、方法要恰当，用权要适度。协调不仅是方法、技术问题，更多的是语言艺术、感情交流和用权适度问题。有时尽管协调意见是正确的，但由于方式或表达不妥，反而会激化矛盾。

**4. 与设计单位的协调**

监理单位必须协调与设计单位的工作，以加快工程进度、确保质量、降低消耗。监理工程师应从以下几方面加强与设计单位的协调。

（1）真诚尊重设计单位的意见，在设计单位向施工单位介绍工程概况、设计意图、技术要求、施工难点等时，注意标准过高、设计遗漏、图纸差错等问题，应在施工之前解决；施工阶段，严格按图施工；结构工程验收、专业工程验收、竣工验收等工作，应邀请设计单位代表参加。

（2）如果施工中发现设计问题，应及时通过建设单位向设计单位提出，以免造成重大损失。

**5. 与政府部门及其他单位的协调**

（1）与政府部门的协调

① 监理单位在进行工程质量控制和质量问题处理时，要做好与工程质量监督站的交流和协调。② 发生重大质量事故后，应敦促承包单位立即向政府有关部门报告情况。③ 建设工程合同应送公证机关公证，并报政府建设行政管理部门备案；征地、拆迁、移民要争取政府有关部门支持和协作；现场消防设施的配置，应请消防部门检查认可。

（2）与社会团体关系的协调

监理单位应配合建设单位，争取社会各界对建设工程的关心和支持。

## 四、项目监理组织协调的方法

项目监理组织协调的方法包括会议协调法、交谈协调法、书面协调法、访问协调法和情况介绍法等。

**1. 会议协调法**

会议协调法是建设工程监理中最常用的一种协调方法。实践中常用的会议协调法包括第一次工地会议、监理例会、专业性监理会议等。

**2. 交谈协调法**

在实践中，并不是所有问题都需要开会来解决，有时可采用“交谈”这一方法。交谈协调法包括面对面的交谈和电话交谈两种形式。

**3. 书面协调法**

当会议或交谈不方便或不必要时，或需要精确地表达自己的意见时，就要用到书面协调的方法。书面协调法的特点是具有合同效力。

**4. 访问协调法**

访问协调法主要用于外部协调中，有走访和邀访两种形式。

走访是指监理工程师在建设工程施工前或施工过程中，对与工程施工有关的政府相关部门、公共事业机构、新闻媒介或工程毗邻单位等进行访问，向他们解释工程的情况，了解他们的意见。邀访是指监理工程师邀请上述各单位（包括建设单位）代表到施工现场对工程进行指导性巡视，了解现场工作。

**5. 情况介绍法**

情况介绍法通常是与其他协调方法紧密结合在一起的，它可能是在一次会议前，或是一次交谈前，或是一次走访或邀访前向对方进行的情况介绍。情况介绍法在形式上主要是口头的，有时也伴有书面的。介绍往往作为其他协调的引导，目的是使别人首先了解情况。

## 单元练习

一、选择题

1. 由于组织机构内部各要素之间既相互联系、相互依存，又相互排斥、相互制约，所以组织机构活动的整体效应不等于其各局部效应的简单相加，这反映了组织机构活动（　　）的基本原理。

A. 规律效应性　　B. 主观能动性　　C. 要素有用性　　D. 动态相关性

2. 有效的组织设计在提高组织活动效能方面起着重要的作用，下列关于组织构成因素的表述中，正确的是（　　）。

A. 组织的最高管理者到最基层的实际工作人员权责逐层递增

B. 管理部门的划分要根据组织目标与工作内容确定

C. 管理层次是指一名上级管理人员所直接管理的下级人数

D. 管理跨度越大，领导者需要协调的工作量越小，管理难度越小

3. 监理工程师邀请建设行政主管部门的负责人员到施工现场对工程进行指导性巡视，属于组织协调方法中的（　　）。

A. 专家会议法　　B. 书面协调法　　C. 情况介绍法　　D. 访问协调法

4. 同时适用于平行承发包、设计或施工总分包、工程总承包模式的委托监理模式是建设单位（　　）。

A. 按不同合同标段委托多家监理单位　　B. 按不同建设阶段委托监理单位

C. 委托一家监理单位　　D. 委托多家监理单位

5. 下列不属于项目监理机构内部协调的是（　　）。

A. 协调好人际关系，激励项目监理机构成员

B. 协调好与施工单位的关系

C. 设置与项目相适应的组织机构

D. 对监理设备、材料的平衡

6. 下列不属于管理层次的是（　　）。

A. 决策层　　B. 协调层　　C. 反馈层　　D. 执行层

7. 下列关于管理跨度的说法中，正确的是（　　）。

A. 一位上级可以管理无数下级

B. 管理跨度越大，领导者需要协调的工作越少

C. 管理跨度越大，领导者管理的难度越小

D. 合理的管理跨度，才能使组织高效地运作

8. 下列关于平行承发包模式的说法中，不正确的是（　　）。

A. 有利于择优选择承包单位　　B. 有利于控制工程质量

C. 有利于缩短工期　　D. 合同数量少

9. 下列建设工程组织管理模式属于“交钥匙工程”的是（　　）。

A. 平行承发包模式　　B. 工程总承包模式

C. 设计总承包模式　　D. 施工总承包模式

10. 下列工作中属于总监理工程师代表职权范围内的是（　　）。

A. 组织召开监理例会　　B. 调配监理人员

C. 签发工程暂停令　　D. 签发工程款支付证书

二、简答题

1. 组织设计要遵循哪些基本原则？

2. 工程项目承发包模式有哪些？

3. 建立项目监理组织有哪些主要步骤？

4. 项目监理组织协调的方法有哪些？

三、案例题

案例 1　某监理单位与建设单位签订委托监理合同后，在实施建设工程前，应建立项目监理机构。监理机构在组建项目监理机构时，按以下步骤进行：

(1) 确定监理工作内容。

(2) 确定项目监理机构目标。

(3) 制订工作流程和信息流程。

(4) 设计项目监理机构的组织结构。

问题：

1. 组建项目监理机构时的步骤是否妥当？若不妥，请写出正确的步骤。

2. 项目监理机构的组织形式和规模应根据哪些因素来确定？

案例2　A建设单位通过公开招标确定B监理公司为其新开发的项目提供监理服务，张某是B监理公司委派的总监理工程师，李某为总监理工程师代表，另外还有3名专业监理工程师和3名监理员。B监理公司为了节约人工成本，在未征得A建设单位同意的情况下，安排张某同时担任2个项目的总监理工程师。A建设单位委托监理合同上约定，总监理工程师每个月出勤天数不少于20天，由于张某同时兼任2个项目的总监理工程师，在A建设单位的项目上，每个月只能保证15天的出勤。某天该项目突发重大安全事故，此时，张某并不在项目上，因此委托李某签发工程暂停施工令，由于需要处理突发状况，李某从总公司调来了经验丰富的监理工程师，并一同参与了事故的处理与善后。

问题：

1. B监理公司在本项目上有无过错？如果有，是哪些过错？

2. A建设单位在本项目上有无过错？如果有，是哪些过错？

3. 总监理工程师张某在该项目上有无过错？如果有，是哪些过错？

4. 安全事故发生后，李某做了哪些超出他职权范围的工作？

# 单元3 监理规划和监理实施细则

## 学习目标

1. 掌握监理规划的作用。
2. 熟悉监理规划编写的依据和要求。
3. 熟悉监理规划的主要内容。
4. 掌握监理实施细则的作用。
5. 熟悉监理实施细则编写的依据和要求。
6. 熟悉监理实施细则的主要内容。
7. 能结合工程实际，协助编制监理规划。
8. 能结合工程实际，协助编制监理实施细则。
9. 养成科学严谨、实事求是的工作作风。
10. 树立严格遵守规范要求的职业素养。
11. 强化质量意识、安全意识和责任意识。

## 导读

### 依法依规，履职尽责

随着我国经济的发展和进步，建筑工程项目逐渐增加，建筑业成为国民经济的支柱之一。为了提高建设工程投资决策科学化水平，规范工程建设参与各方的建设行为，促使施工单位保证建设工程质量和使用安全，具有中国特色的建设监理制度由此产生并发展。《中华人民共和国建筑法》第三十二条规定，建筑工程监理应当依照法律、行政法规及有关的技术标准、设计文件和建筑工程承包合同，对承包单位在施工质量、建设工期和建设资金使用等方面，代表建设单位实施监督。因此，制订相应的指导性和实施性文件，规范监理从业人员的行为，促使监理人员依法依规、履职尽责，成为必由之路。

监理规划是在总监理工程师的主持下编制，经监理单位技术负责人批准，用来指导项目监理机构全面开展监理工作的指导性文件。监理规划的基本作用是指导项目监理机构全面开展监理工作，让监理工作有法可依、有规可循。监理实施细则是在监理规划指导下，在落实各专业的监理责任后，由专业监理工程师针对项目的具体情况制订的更具有实施性和可操作性的业务文件。监理实施细则的基本作用是指导监理业务开展，让监理工作履职有理、尽责有据。

# 3.1 建设工程监理规划

建设工程监理规划是在工程建设监理合同签订后，由总监理工程师主持编制的指导监理机构开展监理工作的纲领性文件。它是监理投标书的重要组成部分，对工程建设监理工作全面规划和监督指导起着重要作用。

## 一、建设工程监理规划的作用

### 1. 指导项目监理机构全面开展监理工作

建设工程监理规划的基本作用是指导项目监理机构全面开展监理工作。因此，监理规划需要对项目监理机构开展的各项监理工作做出全面、系统的组织和安排。它包括确定监理工作目标，制订监理工作程序，确定目标控制、合同管理、信息管理、组织协调等各项措施和确定各项工作的方法和手段。

### 2. 监理主管机构对监理单位实施监督、管理和指导的依据

监理主管机构对监理单位实施监督、管理和指导，对其人员素质、专业配套和建设工程监理业绩进行核查和考评，以确认其资质和资质等级。而监理单位的实际水平可从监理规划和实施中充分地体现出来。因此，监理主管机构对监理单位进行考核时，应当十分重视对监理规划的检查，也就是说，监理规划是监理主管机构监督、管理和指导监理单位开展监理活动的重要依据。

### 3. 建设单位确认监理单位履行合同的主要依据

监理单位如何履行监理合同，如何落实建设单位委托的各项监理服务工作，作为监理的委托方，建设单位应了解和确认监理单位的工作。同时，建设单位有权监督监理单位全面、认真地执行监理合同。而监理规划正是建设单位了解和确认这些问题的最好资料，是建设单位确认监理单位是否履行监理合同的主要说明性文件。监理规划应当能够全面而详细地为建设单位监督监理合同的履行提供依据。

监理规划的前期文件，即监理大纲，是监理规划的框架性文件。经由谈判确定的监理大纲应当纳入监理合同的附件之中，成为监理合同文件的组成部分。

**4. 监理单位内部考核的依据**

从监理单位内部管理制度化、规范化、科学化的要求出发，需要对各项目监理机构（包括总监理工程师和专业监理工程师）的工作进行考核，其主要依据就是经过内部主管负责人审批的监理规划。通过考核，可以对有关监理人员的监理工作水平和能力作出客观、正确的评价，从而有利于今后在其他工程上更加合理地安排监理人员，提高监理工作效率。

**5. 监理单位的重要存档资料**

从建设工程监理控制的过程可知，监理规划的内容必然随着工程的进展而逐步调整、补充和完善。监理规划在一定程度上真实地反映了一个建设工程监理工作的全貌，记录了监理工作过程，是工程监理单位的重要存档资料。

## 二、建设工程监理规划编写的依据

**1. 工程建设方面的法律、法规**

（1）国家颁布的有关工程建设的法律、法规。这是工程建设相关法律、法规的最高层次。在任何地区或任何部门进行工程建设，都必须遵守国家颁布的工程建设方面的法律、法规。

（2）建设工程所在地或所属部门颁布的工程建设相关的法规、规定和政策。一项建设工程必然是在某一地区实施的，也必然是归属于某一部门的，这就要求工程建设必须遵守建设工程所在地颁布的工程建设相关的规定和政策，同时也必须遵守建设工程所属部门颁布的工程建设相关规定和政策。

（3）工程建设的各种标准、规范。工程建设的各种标准、规范也具有法律地位，必须遵守和执行。

**2. 政府批准的工程建设文件**

政府批准的工程建设文件包括两个方面：

（1）政府工程建设行政主管部门批准的可行性研究报告、立项批文。

（2）政府规划部门确定的规划标准、土地使用条件、环境保护要求、市政管理规定。

**3. 建设工程监理合同**

在编写监理规划时，必须依据建设工程监理合同中关于监理单位和监理工程师的权利和义务，监理工作范围和内容，有关建设工程监理规划方面的要求等。

**4. 其他建设工程合同**

在编写监理规划时，也要考虑其他建设工程合同关于建设单位和承建单位权利和义务的内容。

**5. 监理大纲**

监理大纲中的监理组织计划，拟投入的主要监理人员，造价、进度、质量控制方案，合同管理方案，信息管理方案，监理工作阶段性成果等内容，都是监理规划编写的依据。

## 三、建设工程监理规划编写的要求

### 1. 基本构成内容应力求统一

监理规划在基本构成内容上应力求统一，这是监理工作规范化、制度化、科学化的要求。

监理规划基本构成内容的确定，首先应依据建设工程监理制度，确定对建设工程监理的内容要求。建设工程监理的主要内容是控制建设工程的投资、工期和质量，进行建设工程合同管理，协调有关单位之间的工作关系。这些内容无疑是构成监理规划的基本内容。如前所述，监理规划的基本作用是指导项目监理机构全面开展监理工作。因此，对整个监理工作的组织、控制、方法、措施等将成为监理规划必不可少的内容。这样，监理规划的基本构成内容就可以确定下来。

归纳起来，监理规划基本构成内容应当包括目标规划、监理组织、目标控制、合同管理和信息管理等。施工阶段监理规划统一的内容要求应当在建设工程监理法规文件或监理合同中明确下来。

### 2. 具体内容应具有针对性

监理规划基本构成内容应当统一，但各项具体内容则要有针对性。这是因为监理规划是指导某一个特定建设工程监理工作的技术文件，它的具体内容应与建设工程相适应。由于所有建设工程都具有单件性和一次性的特点，也就是说每个建设工程都有自身的特点，而且每一个监理单位和每一位监理工程师对某一个具体建设工程在监理思想、监理方法和监理手段等方面都会有自己的独到之处。因此，不同的监理单位和不同的监理工程师在编写监理规划的具体内容时，必然会体现出自己鲜明的特色。

每一个监理规划都是针对某一个具体建设工程的监理工作计划，都必然有它自身的造价目标、进度目标、质量目标、项目组织形式、监理组织机构、目标控制措施、信息管理制度、合同管理措施等。只有具有针对性，建设工程监理规划才能真正起到指导具体监理工作的作用。

### 3. 应遵循建设工程运行的客观规律

监理规划是针对一个具体建设工程编写的，而不同的建设工程具有不同的工程特点、工程条件和运行方式。这也决定了建设工程监理规划的内容必然与工程运行的客观规律具有一致性，必须把握、遵循建设工程运行的客观规律。只有把握建设工程运行的客观规律，监理规划的运行才是有效的，才能对这项工程实施有效的监理。

此外，监理规划要随着建设工程的展开进行不断地补充、修改和完善。它由开始的“粗线条”或“近细远粗”逐步变得完整、完善起来。在建设工程的运行过程中，内外因素和条件不可避免地要发生变化，造成工程的实施情况偏离计划，往往需要调整计划乃至目标，这就必然造成监理规划在内容上也要相应地调整。

监理规划要想把握建设工程运行的客观规律，就需要不断地收集大量的编写信息。如果掌握的工程信息很少，就不可能对监理工作进行详尽的规划。例如，随着设计的不断进展、工程招标方案的出台和实施，工程信息量越来越多，监理规划的内容才能越来越趋于完整。

**4. 项目总监理工程师是监理规划编写的主持人**

监理规划应当在项目总监理工程师的主持下进行编写制订，这是建设工程监理实施项目总监理工程师负责制的必然要求。当然，要想编制好建设工程监理规划，还要充分调动整个项目监理机构中各专业监理工程师的积极性，广泛征求各专业监理工程师的意见和建议，并吸纳其中水平比较高的专业监理工程师共同参与编写。

在监理规划编写过程中，应当充分听取建设单位的意见，最大限度地满足他们的合理要求，为进一步搞好监理服务奠定基础。作为监理单位的业务工作，在编写监理规划时，还应当按照本单位的要求进行编写。

**5. 一般要分阶段编写**

如前所述，监理规划的内容与工程进展密切相关，没有工程信息也就没有规划内容。因此，监理规划的编制需要有一个过程，需要将编制的整个过程划分为若干个阶段。

监理规划编写阶段可按工程实施的阶段来划分，前一阶段工程实施所输出的工程信息就成为后一阶段监理规划内容。例如，监理规划可划分为设计阶段、施工招标阶段和施工阶段。设计的前期阶段，即设计准备阶段，应完成规划的总框架，并对设计阶段的监理工作进行“近细远粗”的规划，使监理规划内容与已经掌握的工程信息紧密结合；设计阶段结束后，大量的工程信息能够提供出来，所以施工招标阶段监理规划的大部分内容能够落实；随着施工招标的进行，各承包单位逐步确定下来，工程施工合同逐步签订，施工阶段监理规划所需的工程信息基本齐备，足以编写出完整的施工阶段监理规划。在施工阶段，有关监理规划的主要工作是根据工程进展情况进行调整、修改的，使监理规划能够动态地控制整个建设工程的正常进行。

在监理规划的编写过程中需要进行审查和修改，因此，监理规划的编写还要留出必要的审查和修改时间。为此，应当对监理规划的编写时间事先做出明确的规定，以免编制时间过长，从而耽误了监理规划对监理工作的指导，使监理工作陷于被动和无序。

**6. 应当格式化、标准化**

现代科学管理应当讲究效率、效能和效益，其表现之一就是使控制活动的表达方式格式化、标准化，从而使控制的规划显得更明确、更简洁、更直观。因此，需要选择最有效的方式和方法来表示监理规划的各项内容。比较而言，采用图、表和简单的文字进行说明是最基本的方法。我国的建设监理制度应当走规范化、标准化的道路，这是科学管理与粗放型管理在具体工作上的明显区别。可以这样说，规范化、标准化是科学管理的标志之一。所以，编写建设工程监理规划各项内容时，对采用什么图、表以及哪些内容需要采用简单的文字说明，应当做出统一规定。

**7. 应经过审核**

监理规划在编写完成后，需进行审核并经批准。监理单位的技术主管部门是内部审核单位，其负责人应当签认。监理规划是否要经过建设单位的认可，由委托监理合同或双方协商确定。

从监理规划编制的上述要求来看，它的编写既需要由主要负责人（项目总监理工程师）主持，又需设立编写班子。同时，项目监理机构的各部门负责人也有相关的任务和责任。监理规划涉及建设工程监理工作的各方面，所以有关部门和人员都应当关注它，使监理规划编制得科学、完备，真正发挥全面指导监理工作的作用。

## 四、建设工程监理规划的内容

建设工程监理规划应将委托监理合同中规定的监理单位承担的责任及监理任务具体化，并在此基础上制订实施监理的具体措施。

建设工程监理规划通常包括以下内容。

**1. 工程概况**

工程概况主要编写以下内容：

（1）建设工程名称。

（2）建设工程地点。

（3）建设工程组成及建筑规模。

（4）主要建筑结构类型。

（5）预计工程投资总额。

（6）建设工程计划工期。

（7）工程质量要求（应具体提出建设工程的质量目标要求）。

（8）建设工程设计单位及施工单位名称。

（9）建设工程项目结构图与编码系统。

**2. 监理工作范围、内容、目标**

（1）监理工作范围：是指监理单位所承担的监理任务的工程范围。如果监理单位承担全部建设工程的监理任务，监理范围就是全部建设工程，否则应按监理单位所承担的建设工程的建设标段或子项目划分确定建设工程监理范围。

（2）监理工作内容：参见 3.2 节实例。

（3）监理工作目标：是指监理单位所承担的建设工程的监理控制预期达到的目标。通常以建设工程的造价、进度、质量三大目标的控制值来表示。

**3. 监理工作依据**

（1）工程建设方面的法律、法规。

（2）政府批准的工程建设文件。

（3）建设工程监理合同。

（4）其他建设工程合同。

**4. 项目监理机构的组织形式、人员配备及进退场计划、监理人员岗位职责**

（1）项目监理机构的组织形式：项目监理机构的组织形式应根据建设工程监理要求选择。

（2）项目监理机构的人员配备及进退场计划：项目监理机构的人员配备及进退场计划应根据建设工程监理的进程合理安排，可参考表 3-1。

**表 3-1 项目监理机构的人员配备及进退场计划** 单位：人

| 人员配备 | 进场时间 | | | | |
|---|---|---|---|---|---|
| | 3 月 | 4 月 | 5 月 | …… | 12 月 |
| 监理工程师 | 8 | 9 | 10 | …… | 6 |
| 监理员 | 24 | 26 | 30 | …… | 20 |
| 文秘人员 | 3 | 4 | 4 | …… | 4 |

（3）项目监理机构的监理人员岗位职责：列举总监理工程师、专业监理工程师、监理员等各级监理人员的岗位职责。

**5. 监理工作制度**

阐述监理工作中的会议制度、交底制度、检查检验制度、事故处理制度、监督制度、报告制度、安全制度等工作制度的要求。

**6. 工程质量控制**

结合项目实际，参考单元 4 关于工程质量控制的相关内容进行编制。

**7. 工程造价控制**

结合项目实际，参考单元 4 关于工程造价控制的相关内容进行编制。

**8. 工程进度控制**

结合项目实际，参考单元 4 关于工程进度控制的相关内容进行编制。

**9. 安全生产管理的监理工作**

结合项目实际，参考单元 4 关于安全生产管理的监理工作的相关内容进行编制。

**10. 合同与信息管理**

结合项目实际，参考单元 5 关于合同与信息管理的相关内容进行编制。

**11. 组织协调**

组织协调是监理工作的一项重要任务，包含监理机构内部的组织协调、工程参建各方的组织协调、工程建设与工程外部的组织协调等各个方面。

**12. 监理工作设施**

列举本项目监理工作中拟投入的通信、办公、检测设备。

## 五、建设工程监理规划的审核

建设工程监理规划在编写完成后，需要进行审核并经批准。监理单位的技术主管部门是内部审核单位，其负责人应当签认。

## 3.2 建设工程监理规划实例

××××建设工程

# 监 理 规 划

（节选）

编制人：________________

审核人：________________

审批人：________________

××××建设监理有限公司

××××建设工程项目监理部

年 月 日

# 目　　录

## 一、工程概况（略）

## 二、监理工作范围、内容、目标、程序

### 1. 监理工作范围

本工程的监理工作范围为施工阶段和质量保修阶段的质量、进度、造价控制，以及合同管理、信息管理、组织协调和安全管理等。

### 2. 监理工作内容

本项目施工期间，监理单位将依据建设单位的委托监理合同和施工合同进行施工监理，包括工程质量控制、进度控制、造价控制。具体协助完成施工招标、合同管理、信息管理，施工、安全、交通组织、管线迁移、文明施工，竣工验收、备案、材料供应控制等管理。协调、处理与施工合同有关的一切事务，审核竣工结算资料，为按时、高质完成工程提供优质服务，具体的内容有：

（1）协助建设单位审核施工图的设计和概（预）算，参与主持、组织图纸会审，做好记录，写出会审纪要。

（2）根据建设单位与施工单位签订的项目总承包合同，审核施工进度计划，并在实施过程中检查、监督施工单位严格按合同和施工规范、工程技术标准、设计要求进行施工，监督施工单位现场施工管理。

（3）协助建设单位做好开工前准备，审批开工报告，经建设单位同意下达开工令。

（4）审批施工组织设计，审查和检查施工技术措施、质量保证体系及安全防护措施，提出合理的整改意见和建议。

（5）审查施工单位采购清单，检查工程使用材料、构件、设备的规格、质量与数量。督促施工单位编制材料的供需计划，协助建设单位安排所需材料的供应计划。

（6）签认施工变更，主持施工图交底，参与设计变更的签认，复核施工变更。

（7）主持召开工程协调会议并做好会议纪要，调解有关工程建设各种合同争议，处理索赔事项。

（8）检查安全防护措施和文明施工，检查、督促工程进度、施工质量。

（9）督促施工单位及时整理技术资料及竣工验收资料。

（10）协助建设单位对工程造价进行控制，对施工单位提出的付款申请进行审核。

（11）参加审核工程结算，协助建设单位审核工程造价，努力降低工程费用。

（12）及时提供完整的监理资料，定期编制监理月报。

（13）协助建设单位组织进行电力、通信、供水等管线施工和管理，及各项工程的交工验收和竣工验收。

（14）履行其他法律、法规规定的监理职责义务，提供其他可免费提供的监理服务。

**3. 监理工作目标**

在本工程的监理中，我公司将始终坚持将本工程的利益放在第一，充分利用我公司在工程监理上的优势，抓住工程的重点和难点，采取强有力和科学、规范的监理措施，实现以下目标。

（1）造价控制目标：施工合同价。我公司将以施工合同价为目标，严格控制，做好进度款计量支付、工程结算的审核工作，严格控制变更增减工程以及合同价外的签认，控制施工单位提出索赔的条件；对分包项目投标单位或建设单位的报价与掌握的价格信息进行对比，把多家投标单位报价进行经济技术分析比较，审核选取合理报价；根据工程实际进度需要提出合理的资金计划与建议，最大限度地提高资金使用效益，为建设单位节约造价，把造价额度控制在最优和最合理的水平。

（2）进度控制目标：各项目规定工期。我公司将以建设单位与工程施工单位签订的施工合同中确定的工程总工期为进度控制目标，通过监管调控，科学统筹各分部分项工程的施工进度节奏，使工程确保按建设单位的进度目标竣工交付使用。

（3）质量控制目标：合格工程。我公司将以预防控制为主，严格把好各分项、分部工程使用的原材料质量、施工工艺质量和产品检验质量，精心管理，确保不发生质量安全事故。

**4. 监理工作程序**

（1）监理工作主程序框架（图3-1）

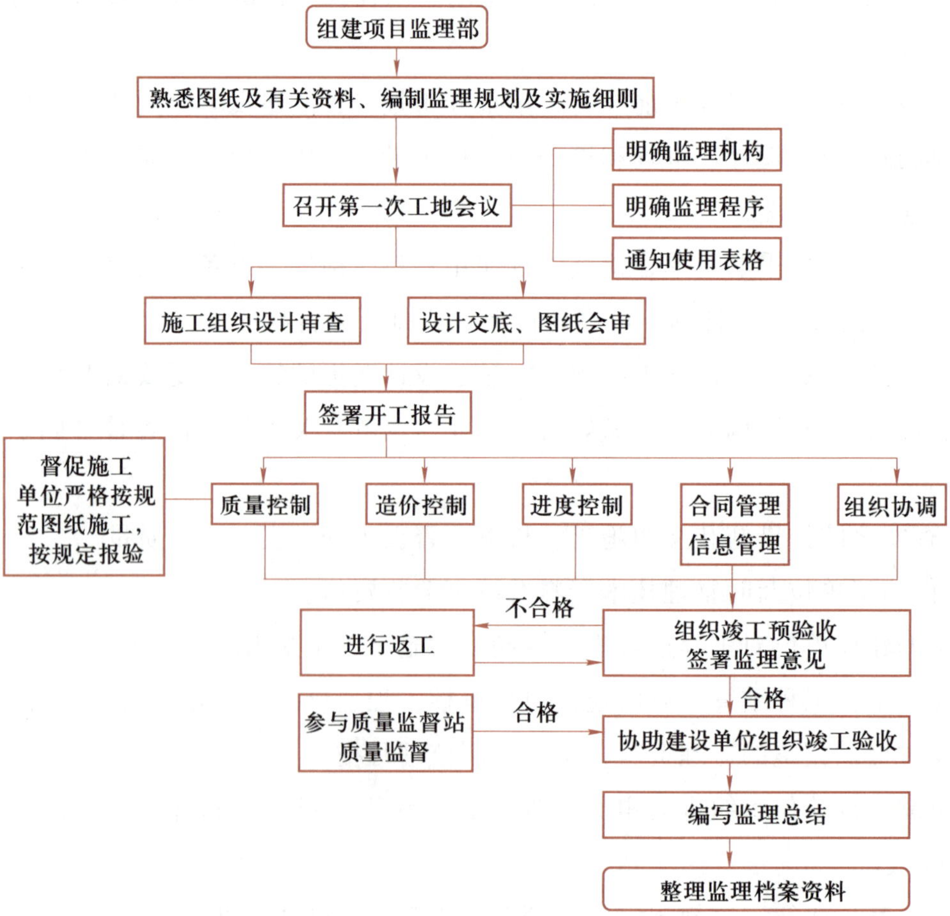


图3-1 监理工作主程序框架

（2）造价控制程序流程（图 3-2）

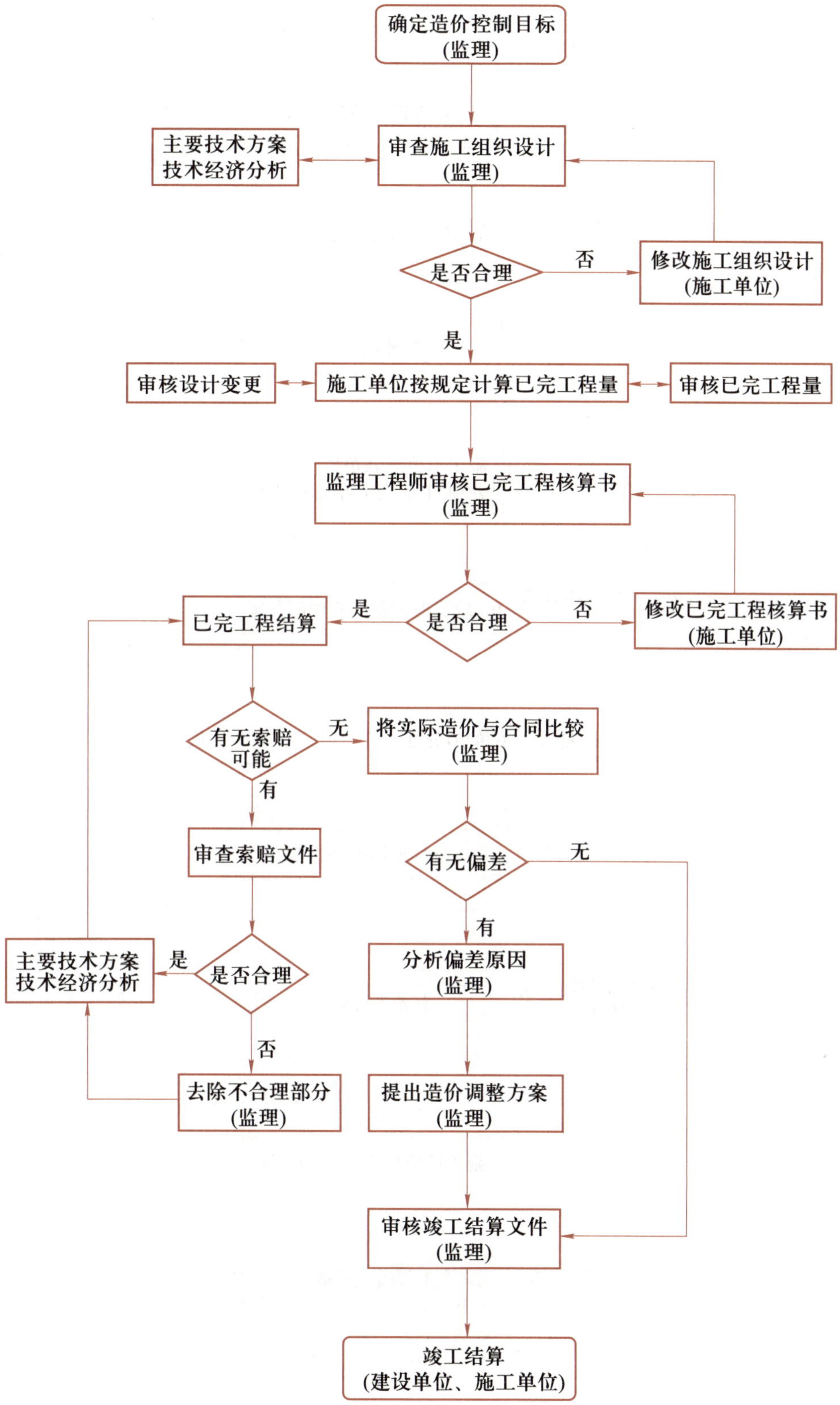


图 3-2 造价控制程序流程

(3) 进度控制程序流程(图 3-3)

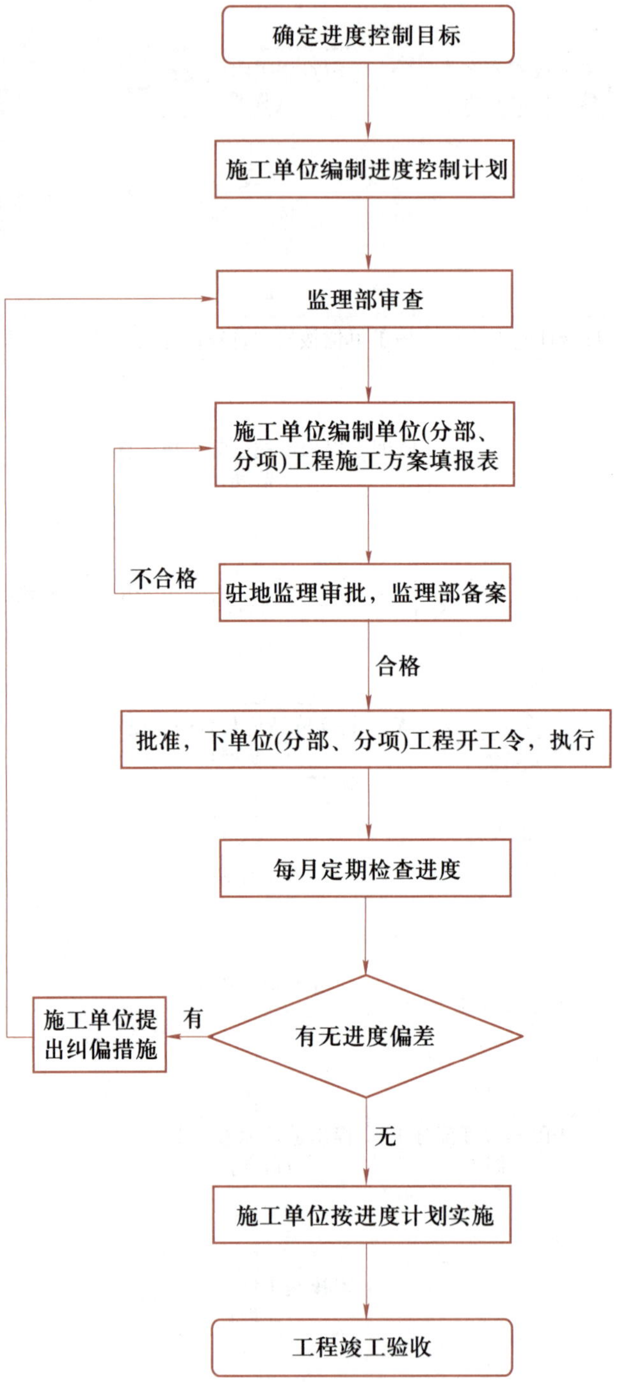


图 3-3 进度控制程序流程

（4）质量控制程序流程（图 3-4）

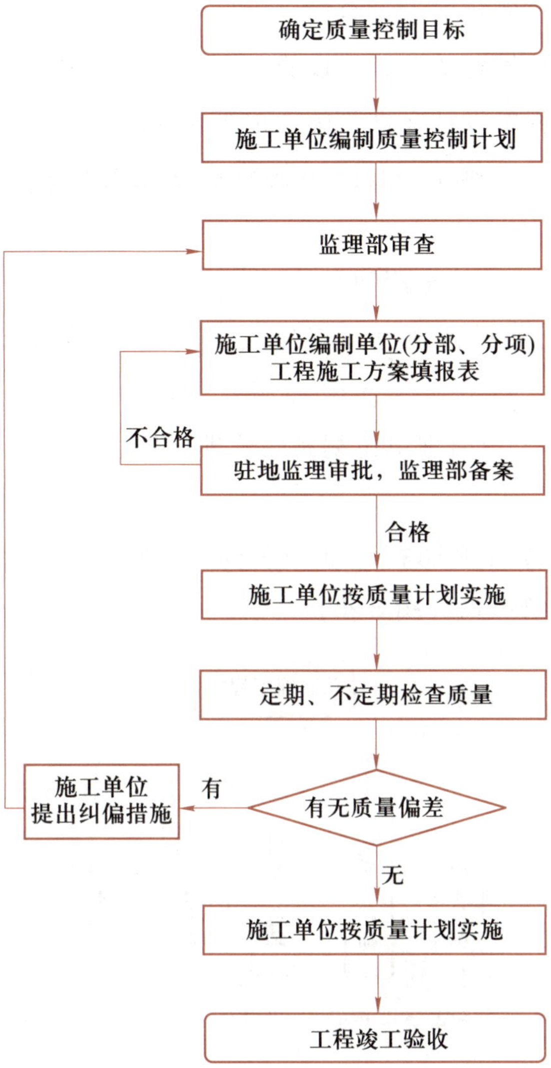


图 3-4　质量控制程序流程

## 三、监理工作依据（节选）

本工程受工程项目建设单位的委托，依据国家有关工程建设的法律、法规、经建设主管部门批准的工程项目建设文件、建设工程委托监理合同及其他建设工程合同，对工程建设实施专业化监督管理。具体的依据如下：

1.《建设工程监理规范》（GB/T 50319—2013）。

2.《建筑桩基技术规范》（JGJ 94—2008）。

3. 住房城乡建设部颁发的相关政策和法规。

4. 住房城乡建设部及××省、××市关于开展建设监理的通知及施工阶段建设监理的规定（或规章）。

5. 建设单位与监理单位签订的工程建设监理合同及其补充文件。

6. 建设单位与设计单位签订的设计合同。

7. 建设单位与施工单位签订的工程建设施工合同及其补充文件。

8. 经批准的有关本工程的设计文件、施工组织设计。

9. 建设单位、监理单位、施工单位三方协商后形成的有关会议纪要、函电和其他文字记载。

10. 现行的有关工程预、结算定额和文件。

11. 国家和××地区现行的设计规范（规程）、建筑工程质量检验评定标准、施工和验收规范。

12. 经委托人审批认可，由监理单位编制的监理规划。

## 四、项目监理机构的组织形式、人员配备及进退场计划、监理人员岗位职责

### 1. 项目监理机构的组织形式（图 3-5）

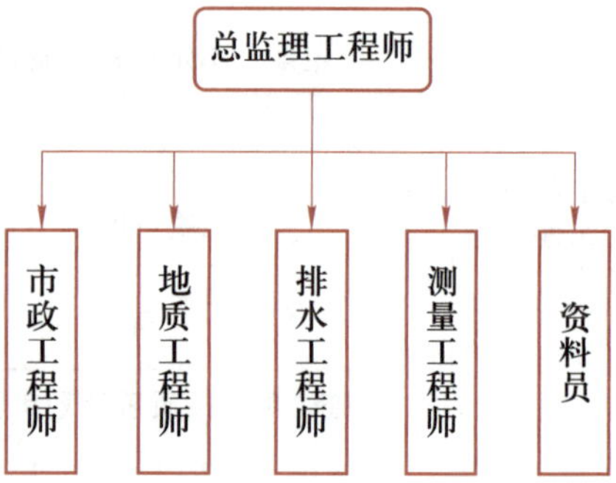


图 3-5 项目监理机构的组织形式

### 2. 项目监理机构的人员配备及进退场计划

根据本工程的特点，我公司将组织一个高水平、有层次、专业配套齐全的项目监理机构，以具有丰富土建工程施工监理经验的专业监理工程师为主，配备管道、土石方、污水主干管线、测量、造价等专业工程师进场监理。监理人员全部由本公司人员组成，监理负责人要求尽职尽责。

根据本工程特点成立项目监理部，由×××工程师任总监理工程师，负责全面工作。

整个监理机构人员配置务求做到在技术上充分发挥各自优势以确保工作需要，拟委派本项目驻场监理机构人员见表 3-2。

根据工程实施的不同时期，专业人员的配备将进行合理的安排如下：

（1）监理前期准备阶段：总监理工程师、总监理工程师代表、测量工程师、管道监理工程师 4 人到位，协调解决测量交桩、场地移交、管线迁移、交通疏解、施工图纸等工作和问题。

（2）开工前准备阶段：在前期准备阶段的到位人员基础上，其他监理人员陆续到位，参加总监理工程师主持的监理规划编制工作；熟悉施工图纸，并参加图纸会审和施工组织设计、施工方案审查工作；编制专业施工监理实施细则；审核开工条件。

（3）工程实施阶段：监理项目部根据现场施工进度情况安排全部人员到位，全面实施“四控制、两管理、一协调”监理工作。

（4）竣工验收阶段：项目监理部人数保持不低于 4 人，确保竣工验收的需要。

（5）工程结算审核阶段：派 1 名造价工程师负责跟进工程的结算审核工作。

（6）工程保修阶段：除保修工程施工的监理人员外，每季度派 2 名专业监理工程师对工程质量进行跟踪访问。

**表 3-2　拟委派本项目驻场监理机构人员**

| 序号 | 姓名 | 在本项目<br>担任职务 | 技术职称 | 专业 | 监理工程师<br>注册证号或岗位证号 | 备注 |
|---|---|---|---|---|---|---|
| 1 | | 总监理工程师 | | | | |
| 2 | | 专业监理工程师 | | | | |
| 3 | | 监理员 | | | | |

**3. 项目监理机构的监理人员岗位职责**

（1）总监理工程师

① 负责组织项目监理机构全面工作，制订监理岗位职责，协调监理机构内部工作关系，保证监理机构和质量体系有效运行；② 负责组织对监理人员进行考核；③ 主持编制监理规划和审批监理实施细则，组织、指导监理工程师工作；④ 依据监理合同，协助项目法人签订工程承建合同；审查施工单位选择的分包单位资质，确认施工单位选择的分包单位；⑤ 主持审批施工单位呈报的施工组织设计、技术措施、月度进度计划；⑥ 组织监理工作交底、设计交底；⑦ 签署开工令、停工令、返工令和复工令，签发监理站文件；⑧ 签署工程款支付证书，组织审查工程变更和组织处理合同索赔事宜；⑨ 按照合同要求组织或参与处理工程质量及安全事故；⑩ 主持协调参建各方的工作关系和合同争端，并在必要时对工程承建合同条款作出解释和对合同争端作出调解决定。

（2）专业监理工程师

① 组织编制监理实施细则；② 协助总监理工程师参与施工招标工作；③ 检查施工单位质量保证体系运作情况，督促施工单位实现合同目标；④ 预审核施工图纸、设计变更、质量和安全事故处理方案；⑤ 检查施工单位的原材料、设备进场检验制度，审查检验报告；⑥ 做

好单位工程、分部工程的签认、验收工作；⑦ 处理工程变更，调查索赔事件，参加索赔谈判；⑧ 定期向总监理工程师报告监理工作情况；⑨ 协调有关各方的工作关系。

（3）监理员

① 对施工现场的施工质量、安全生产情况进行监督检查，督促施工单位全面履行相关合同的责任和义务；② 参与单元工程的检查、检验、质量评定工作，做好相关原始记录；③ 处理现场施工工艺、程序使用材料以及进度、质量及造价问题造成影响的一般监理事项；④ 负责核实工程计量，并签署原始记录；⑤ 及时向监理工程师报告现场发生的质量、安全事故和其他异常情况；⑥ 检查施工单位的施工记录和试验室记录；⑦ 认真完成监理日志工作。

## 五、监理工作制度

### 1. 会议制度

（1）第一次工地会议。第一次工地会议由建设单位主持召开，主要内容为检查工程开工条件是否具备，各项开工准备工作是否就绪。同时，在会上应明确工程建设有关各方的组织、人员与授权，及工程现场行政例行程序、工地例会等，并进行管理程序交底。

（2）工地例会。经常性工地会议（工地例会）由总监理工程师主持，一般每周定期召开一次，工程建设有关各方参加，主要内容为检查上次会议决定事项的执行情况，检查工程进度、工程质量与安全文明施工情况，研究需要解决的问题及需要协同配合的事项。

（3）专题会议。专题会议根据需要召开，由总监理工程师或专业监理工程师主持，主要协调或专门研究某一专项内容。

（4）监理会议。每周工地会议的前一天举行监理会议，由总监理工程师主持，各监理工程师汇报上周监理工作情况，对各项目部提出的问题给出处理意见，并在工地会议上解答，学习有关政治性、业务性文件。

### 2. 设计文件、图纸审查制度

（1）项目监理部收到设计文件、图纸后，应尽快读图和审图，避免图纸中的差错和遗漏对工程造成不良影响。

（2）施工单位审图后提出对图纸澄清某些问题，做某些技术修改或设计变更时，可以使用工程洽商记录或建设单位规定的申请表。洽商记录或申请表应填写变更内容、变更理由，并附有关图表。涉及影响合同金额较大的变更，应同时报送合同增减金额计算资料。监理工程师在收到施工单位的申请表后，视情况可以直接答复，也可以请驻地的设计代表对问题予以澄清或作技术修改。如属一、二类等重大变更，必须报设计单位及建设单位，广泛征求施工单位、设计单位、建设单位的意见，由监理工程师协助或组织专门会议研究，拟出变更方案，再由设计单位发出变更设计通知。

（3）监理工程师签署意见的工程洽商记录或批复的申请表由总监理工程师签发并加盖公章，抄报设计单位、建设单位、监理部归类存档。

**3. 设计技术交底制度**

工程开工前，在项目监理部的组织下，设计单位进行技术交底。

（1）设计技术交底由监理工程师协助组织设计单位的施工配合组，向施工单位进行施工设计图纸的全面技术交底。交底内容应包括设计意图、施工要求、质量标准、技术措施及使用的定型图、通用图等。

（2）在设计技术交底前，监理人员应和施工单位做好充分准备，认真阅读设计文件、图纸，并书面列出需在交底会上提出的问题（审图时提出的问题），书面材料应先交给项目监理部驻地监理审阅，3 天后交给设计单位。

（3）对在施工过程中发生的设计问题需要设计单位进行技术交底的标段，监理工程师应及时协助组织并配合设计单位进行技术交底。

（4）项目监理部应对各标段的设计技术交底归类存档。

**4. 材料、构件检验及复检制度**

（1）工程使用的材料、构件必须符合设计图纸的要求及设计文件中技术规范对材料的规定。

（2）施工单位采购的各种材料应有生产方提供的出厂证、质量合格证及质量检验证等资料，并对采购的材料进行检验，检验内容按技术规范和建设单位有关文件规定，材料的检验必须委托有资质的检测单位检验合格后方可使用。

（3）施工单位对材料进行检验取样时，应通知监理工程师旁站监督并在送检单上签字。

（4）监理工程师应对工程使用的材料、构件进行复检，首先检验施工单位提供的各种质量保证资料（厂方和自检），再对材料进行外观检查。有怀疑的，由监理工程师取样后再送检测单位进行检测。

（5）经过检验的材料在使用过程中发现异常情况应暂停使用，由监理工程师取样做专项检验。

（6）甲供材按上述要求由施工单位检验，项目监理部按建设单位的规定进行抽检。

（7）订购的构件必须具有“三证”，使用前应进行质量检查。

（8）不合格的材料严禁进入施工现场，已进场的要及时清退。

**5. 隐蔽工程检查制度**

（1）隐蔽工程是指某些将被其他后续工序的施工所隐蔽的分部、分项工程。

（2）隐蔽工程在覆盖前，监理工程师必须对该工程进行检查验收，确认其质量合格后，才允许加以覆盖或进行下一道施工工序。

（3）施工单位首先应对隐蔽工程进行自检、互检和由专业人员检查，确认质量合格后填写相应的质量检查表格，并提前24小时通知监理工程师到场确认见证。监理工程师检查合格后进行签认。

（4）重点部位或重要项目的隐蔽工程的检查应会同设计单位、建设单位代表、设计单位代表、质监站共同进行。

（5）隐蔽工程未经监理工程师检查确认，承包人自行覆盖或由于某种原因监理工程师不能到场签认时，如对工程质量有怀疑，监理工程师有权通知施工单位对该工程应重新进行检查。如检查结果不合格或检查所填内容与实际不符，监理工程师不予承认、签证，并将意见汇入监理日志中，待改正并重验合格后才能签认。

**6. 工程质量监理检验制度**

（1）监理工程师对施工单位的施工质量有监督管理的责任，监理工程师在检查工作中发现工程质量缺陷，应及时记入监理日志内，指明质量部位、问题及整改意见，限期纠正复验。对较严重的质量问题或以后形成隐患的问题，由监理工程师填写工程质量整改通知单，通知施工单位，同时抄报建设单位。施工单位应按要求及时作出整改，消除缺陷后通知监理工程师复验签认。如发现工程质量问题已构成工程质量事故时，应按规定程序办理。

（2）施工单位应根据质量控制要求，列出质量控制明细表，表中应详细列出控制点名称和控制内容、检验程度及方法、质量要求等，提交监理工程师批准后执行。

（3）监理工程师根据批复的质量控制点，选择监理难点，即把对质量影响大或发生质量问题危害大的工程对象作为见证点（W点）和停止点（H点）。

（4）监理工程师有权下达停工指令，控制施工质量。

**7. 工程质量事故处理制度**

（1）凡在建设过程中，由于设计或施工原因，造成工程质量不符合规范或设计要求，或者超出工程质量评定验收标准规定的偏差范围，需做返工处理的统称工程质量事故。

（2）工程质量事故发生后，施工单位必须通过电话或书面形式逐级上报。对重大的质量事故和工伤事故，项目监理部应立即报告建设单位。

（3）凡对工程质量事故隐瞒不报，或拖延处理，或处理不当，或处理结果未经同意的，对事故部分及受事故影响的部分工程应视为不合格，项目监理部不予验收。

**8. 施工进度监督及报告制度**

（1）监督施工单位严格按照施工进度的计划组织实施。监理工程师应按单位工程、分部工程、分项工程对实际进度进行记录，以作为掌握工程进度和决策的依据。驻地监理每月以月报的形式向建设单位报告各项工程实际进度与计划的对比情况。

（2）进度检查要做好各主要记录和报告事项。

（3）监理工程师编制和建立各种用于记录、统计、反映实际工程进度与计划工程进度差距的进度控制图及进度统计表，以便随时对工程进度进行分析和评价，并作为要求施工单位加快工程进度、调整进度计划或采取其他合同措施的依据。

（4）巡查工地，发现施工进度同计划出现偏差时，应及时采取组织、技术、经济、合同措施，调整施工计划，保证工期合理，并监督实施。

（5）由于施工单位的原因造成进度的延误，而且施工单位拒绝接受监理工程师加快工程进度的指令，或虽采取了加快工程进度的措施，但仍然不能赶上预期的工程进度，并将使工程在合同工期难以完成时，监理工程师应对施工单位的施工能力重新进行审查和评价，发出书面警告，向建设单位提出书面报告，必要时建议对工程的一部分强制分包或考虑更换施工单位。

**9. 投资监督制度**

（1）驻地监理进场后，及时建立与承包合同相适应的各阶段的概算台账资料，并随时补充变更设计资料，掌握投资变动情况，并进行统计分析。

（2）对重大变更设计或采用新材料、新技术而增减较大的投资，驻地监理应及时掌握并报建设单位，以便控制投资。

**10. 监理报告制度**

（1）监理报告内容以数字形式说明施工进度、施工质量及资金的使用情况，并附上安全、质量事故和监理经验等资料。

（2）监理报告的主要内容是要全面描述该项目的动态情况。

**11. 安全制度**

监理工程师在工程监理合同有效期内，全面负责工程的安全管理工作。

（1）制订项目监理部安全监理的内业管理工作制度。

（2）安全技术监理：在施工过程中所采取的一些安全措施，要进行审查，并督促落实。

（3）安全验收：对施工单位的安全计划、安全措施要进行严格的检查、验收。

（4）加强对施工单位的安全管理工作的监督。

**12. 监理人员工作守则**

（1）熟悉掌握合同文件、设计图纸以及国家有关规范、规程和标准，不断总结工作经验，提高监理工作水平。

（2）监理人员应本着“科学管理、公正协调、诚信守约、高效服务”的宗旨，严格遵守监理人员的职业道德，在监理工作中要廉洁自律，做到八不准，即：① 不准违反国家、省、市有关建设监理工作方针、政策法规及本公司有关监理制度或规定；② 不准在工程监理工作过程中弄虚作假、徇私偏袒或滥用职权打击报复；③ 不准向施工单位介绍分包单位和亲属参加工作；④ 不准在同项目中兼施工单位的商业咨询或进行有偿服务活动，不泄露技术情报；⑤ 不准向施工单位介绍厂家、商店购置设备或材料；⑥ 不准以任何名义接受施工单位的礼金或各种有价证券；⑦ 不准调用施工单位的设备、材料和人工无偿为自己或亲属服务；⑧ 不准到施工单位处报销由个人支付的各种费用。

（3）监理工程师和全体监理人员要严格执行合同这一最基本的准则，以合同为依据，公正处理各种纠纷。

（4）监理人员应与施工单位保持良好的关系，并在职权范围内尽可能地关心及帮助施工单位。

（5）合同执行时，如果施工单位希望分包工程的任何一部分，监理工程师应对分包单位的资质、施工能力认真审查。

（6）监理工程师应依靠自身正确公正的判断能力，进行施工监理，同时也要充分考虑施工单位自身的技术水平和完成工程施工的能力。对于施工单位自己习惯的施工方法，只要有利于工程质量和进度，监理人员应该予以尊重，不能强行要求施工单位按照自己的指令去做。

（7）监理人员要着重做好事前监理工作，对施工过程中发现的质量、安全隐患，应迅速通知施工单位，然后采用劝告、提示的方法引导施工单位进行纠正，将事故消灭在萌芽状态，防患于未然。如果施工单位不听劝告继续施工时，必须果断地指令暂停施工，进行检查。

（8）在工程质量检查时，一定要坚持实事求是，以实测、试验等数据为依据，以规范要求为判别标准，客观公正地作出鉴定。

（9）监理人员安全工作条例六不准：① 不准工作时间喝酒或酒后进入工地；② 不准不戴安全帽进入施工现场；③ 不准在施工现场攀爬支架；④ 不准穿拖鞋、塑料底鞋、高跟鞋、背心、裙子进入施工场地；⑤ 不准带病进入施工场地和登高；⑥ 不准发现安全隐患未经整改，即批准施工。

（10）监理人员在计划监控中发现施工单位的施工进度落后于计划进度时，应以充分的根据去论证并使施工单位信服，并采取措施加快施工速度。

（11）认真细致地做好各项监理的日常工作，对待索赔、停工等一定要慎重，而且必须履行规定的手续。

（12）工程计量时，监理人员要切记：申请计量一切合同内质量合格的工程是施工单位现场人员的职责和权利，而复核这一工作则是监理人员的职责。在计量工作中一定要坚持“按照合同，实事求是，公平合理”的原则，切实维护双方的合法权益。

（13）监理工程师不能行使建设单位所授权范围以外的任何权力。

## 六、工程质量控制（略）

## 七、工程造价控制（略）

## 八、工程进度控制（略）

## 九、安全生产管理的监理工作（略）

## 十、合同与信息管理（略）

## 十一、组织协调（略）

## 十二、监理工作设施

拟投入本项目的通信、办公、检测设施见表 3-3。

**表 3-3 拟投入本项目的通信、办公、检测设施**

| 名称 | | 合同要求最少数量 | 拟投入本项目情况 | | | |
|---|---|---|---|---|---|---|
| | | | 新购 | 自有 | 租赁 | 小计 |
| 通信设备 | 有线电话 | | | | | |
| | 传真机 | | | | | |
| | 打印机 | | | | | |
| 办公设备 | 复印机 | | | | | |
| | 计算机 | | | | | |
| | 扫描仪 | | | | | |
| 检测设备 | 水准仪 | | | | | |
| | 经纬仪 | | | | | |
| | 全站仪 | | | | | |
| | 回弹仪 | | | | | |
| | 弯沉仪 | | | | | |
| | 30 m 钢尺 | | | | | |
| | 皮尺 | | | | | |
| | 分析天平 | | | | | |
| 交通 | 汽车 | | | | | |

# 3.3 建设工程监理实施细则

对专业性较强、危险性较大的分部分项工程，项目监理机构应编制监理实施细则。监理实施细则应在相应工程施工开始前由专业监理工程师编制，并应报总监理工程师审批。监理实施细则应符合监理规划的要求，并应具有可操作性。在实施建设工程监理过程中，监理实施细则可根据实际情况进行补充、修改，并应经总监理工程师批准后实施。

## 一、监理实施细则的作用

### 1. 对建设单位的作用

监理实施细则是监理工作指导性资料，它反映了监理单位对项目控制的理解能力、程序控制技术水平。一份详实且针对性较强的监理实施细则可以消除建设单位对监理工作能力的疑虑，增强信任感，有利于建设单位对监理工作的支持。

### 2. 对施工单位的作用

（1）施工单位在收到监理实施细则后，会十分清楚各分项工程的监理控制程序与监理方法。在以后的工作中能加强与监理的沟通、联系，明确各质量控制点的检验程序与检查方法，在做好自检的基础上，为监理的抽查做好各项准备工作。

（2）监理实施细则中对工程质量的通病，工程施工的重点、难点都有预防与应急处理措施。这对施工单位起着良好的警示作用，它能时刻提醒施工单位在施工中注意哪些问题，如何预防工程质量通病的产生，避免工程质量留下隐患及延误工期。

（3）促进施工单位加强自检工作，完善质量保证体系，进行全面的质量管理，提高整体管理水平。

### 3. 对监理的作用

（1）指导监理工作，使监理人员通过各种控制方法能更好地进行质量、安全、进度、造价控制。

（2）增加监理对本工程的认识和熟悉程度，能够有针对性地开展监理工作。

（3）监理实施细则中工程质量的通病、重点、难点的分析及预控措施，能使现场监理人员在施工中迅速采取补救措施，有利于保证工程的质量、安全、进度、造价目标实现。

（4）有助于提高监理的专业技术水平与监理素质。

（5）综合运用规范，贯彻相关规定，使监理工作规范化、标准化。

（6）作为监理检查、评估、交底的依据之一。

## 二、监理实施细则的编写依据

1. 已批准的监理规划。
2. 工程建设标准、工程设计文件。
3. 施工组织设计、(专项) 施工方案。
4. 现行国家和地市制订的建设工程监理的验收规范和相关规定。

## 三、监理实施细则的内容

建筑工程监理实施细则应包括专业工程特点、监理工作流程、监理工作要点、监理工作方法及措施等主要内容。具体的监理实施细则一般包含以下项目:

1. 监理总则。
2. 施工准备阶段的工作内容和要点。
3. 工程质量控制的程序、要点、工作方法和措施。
4. 工程进度控制的程序、要点、工作方法和措施。
5. 工程造价控制的程序、要点、工作方法和措施。
6. 合同与文件管理的程序、要点、工作方法和措施。
7. 安全与文明施工的程序、要点、工作方法和措施。
8. 信息管理的程序、要点、工作方法和措施。
9. 其他内容。

## 3.4 建设工程监理实施细则实例

××××建设工程

# 监理实施细则

(节选)

编制：________________

审核：________________

审定：________________

××××建设监理有限公司

××××建设工程项目监理部

年　　月　　日

# 目　　录

## 一、监理总则

### 1. 监理工程名称

××××工程设计施工总承包（整治标段）

### 2. 工程概况

××隧道为城市大型过江主干道，单洞长度为 1 480 m，宽度为 33.4 m，高度为 8.15 m，断面大于 60 $m^2$，工期 90 天（自然日），劳动力高峰期投入 145 人。现场安全文明施工目标：杜绝一般等级以上的伤亡事故且工伤责任事故人数为零。招标内容、规模：对隧道进行侧墙整饰、顶部涂装、照明设施改造、路面病害治理等。

本监理实施细则就是为上述总承包监理项目的实施而编制的。

### 3. 监理目标

确保监理项目在计划的造价、进度和质量目标内取得成功，避免重大安全质量事故和人身伤亡事故。具体在监理过程的不同阶段，对该项目的造价、进度和质量目标进行有效的控制和管理，做好安全监督工作，实现建设单位预期的工程目标。

### 4. 监理内容

监理内容包括施工准备阶段监理、施工阶段监理、竣工资料整理。其中施工阶段监理包含质量控制、进度控制、造价控制、安全控制、信息管理、合同管理和组织协调工作。

### 5. 施工监理依据

施工监理工作的基本依据，主要有国家批准的工程建设文件，有关工程建设的法律、法规、标准，工程建设监理合同及其他工程建设合同等。

### 6. 工地会议制度

在工程实施过程中，针对工程质量、施工进度、计量计价、合同管理等事宜，根据施工具体情况召开监理工作会议，会议由监理单位主持并负责编写会议纪要。施工单位每周至少召开一次生产工程例会，由施工单位主持并编写会议纪要。

### 7. 监理组织机构

现场监理组人员组成见表 3-4。

**表 3-4 现场监理组人员组成**

| 姓名 | 职称 | 专业 | 职责分工 | 附注 |
|---|---|---|---|---|
| ××× | 高级工程师 | 土木工程 | 总监理工程师 | 注册监理工程师 |
| ××× | 工程师 | 机电工程 | 专业监理工程师 | 培训证 |

### 8. 监理岗位职责（略）

### 9. 监理承诺

监理人员将严格遵守“守法、诚信、公正、科学”的原则和“严格监理、热情服务、秉公办事、一丝不苟”的监理方针，加强与施工单位的联系与交流，为施工单位服务，为建设单位服务。在总监理工程师的统一领导下，充分发挥部门职能，认真履行合同，确保所监理的工程质量优良。所有监理人员的行为，均代表本监理项目部的形象，将确保理解、执行和保持监理工作的方针，并对监理工作的质量共同承担义务。监理项目部支持、鼓励全体监理人员精益求精的精神、创造性的思维与行动以及发现问题并提出意见的勇气，确保监理服务的持续改进。

## 二、施工准备阶段监理

### 1. 施工工艺文件审批

施工工艺文件将直接影响到工程的质量、进度等，因此施工单位应根据自身条件，结合工程实际，认真组织编制施工方案及施工组织设计等文件，其内容至少应包括隧道整治工程全过程所需的工装、设备、监测手段及仪器，各阶段人员配置，船只车辆等运输工具使用计划，施工总体方案、进度计划、安全及应急计划、场地布置、分包计划，各工序之间的管理程序、材料管理等内容，提交监理工程师审核、批准后付诸实施。

### 2. 开工报告

完成上述文件的编制和审批后，施工单位应在开工前 10 天提交开工报告及以下附件：

(1) 施工组织设计报审表。

(2) 设备材料报验单。

(3) 进场设备报验单。

(4) 开工准备情况说明。

经专业监理工程师审查确认具备开工条件后，报总监理工程师审定，并经项目建设单位批准后开工。

### 3. 工程材料质量控制

(1) 原材料质量控制原则

设计图设计及合同中规定的施工材料不允许施工单位自行更换，不得已需要改变时，必须按程序申报，征得监理单位、设计单位和建设单位的同意。所用的材料必须有生产厂家的出厂质量保证书以及相关检验技术资料，按现行有关标准需要进行抽样复验的由施工单位进行复验，并保存检查记录。

(2) 原材料复验

按现行有关标准需要进行抽样复验的材料，由施工单位进行复验，并保存检查记录备查，取样时由监理、施工单位质检工程师在场共同见证。施工单位取样前应通知监理旁站，同时提供质量证明书及一份复印件给监理单位。在指定的位置提取试样后，送到经监理单位认可的试验室进行试验。监理工程师对试验过程进行旁站。本工程原材料复验合格后，由施工单位填写工程材料报验单一式两份，连同材料出厂质量证明书和进场材料复验报告一起报监理单位。经监理工程师签认后方可进场使用。监理工程师将认可的每批材料填入材料进场统计表。

**4. 计量检测设备的检查认可**

施工过程和验收使用的计量、测试等仪器设备应有相应资质的检定机构签发的检测合格证书，由施工单位提出申请，监理单位审核批准后才能进场使用。使用的计量器具应在检定有效期内，按有关规定进行操作。在使用过程中，还要求定期送检，校正误差。对于施工单位对外委托的中心试验室，要求其提供相应的资质证明材料，交监理单位进行资质认可。

**5. 岗前培训及施工工艺技术交底**

监理工程师应督促施工单位组织对参与本项目工程的所有人员进行岗前培训及施工工艺技术交底。其主要内容为工序难点及控制方法、工艺纪律、出现质量问题的处理程序、检查检测方法、各种表格的填写方法。施工单位进行工艺技术交底前应通知现场监理工程师参加。

## 三、工程质量控制

**1. 工程质量控制的范围、程序、方法**

（1）工程质量控制的范围

① 施工依据的技术标准、设计图纸和标书文件。

② 施工人员技术情况。

③ 施工机械、检测仪器。

④ 工作环境。

⑤ 不合格项目的处理。

⑥ 原材料及外购设备进货检验。

⑦ 施工工艺和施工过程。

（2）工程质量控制的程序

工程质量控制的程序如图 3-6 所示。

（3）工程质量控制的方法

① 工程质量控制的具体手段有文件审核、过程巡视、旁站监督、抽检复核、试验见证等。

② 建立签认制度，依据合同及项目的特点明确各方面的权力和权限，尤其要明确监理的权力，通过签认制度确定下来。

③ 建立质量控制点报检制度，确保各控制点处于监理的控制之下。

④ 建立联系人制度，明确相关单位之间的信息传递渠道，保证信息交流的及时、有效和完整。

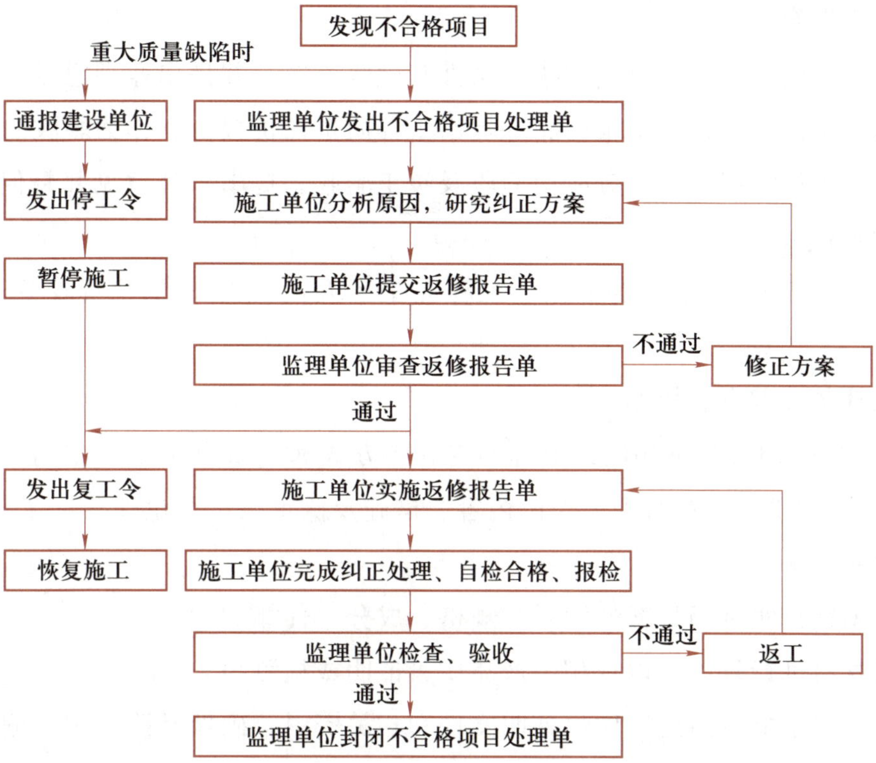


图 3-6 工程质量控制的程序

⑤ 建立报告制度，加强本项目的合同、信息管理和协调工作，从而使参建各方实现对本工程的质量、进度、造价进行有效控制、全力打造优质工程。

⑥ 建立不合格项目处理程序，并严格执行。

**2. 工程质量控制的内容**

（1）前期的准备工作

① 进行监理机构的组织和各级人员的任命。

② 熟悉相关的技术资料、标准、规范，做好技术准备工作。

③ 编写监理实施细则及相关的监理文件。

（2）施工阶段

① 监督施工单位严格按照设计图纸、标准施工，对隐蔽工程进行验收，对设计变更和技术处理进行确定，检查安全文明设施。

② 对原材料进行质量控制。进场材料、设备等必须按程序向监理申报，对于不符合要求的材料和设备，有权禁止进入工地和投入使用。

③ 对工程的施工检查要保证不漏检，重点部位和技术复杂的部位应当增加检查次数，进行旁站监理。

④ 对重要施工部位施工过程进行旁站监理，必要时进行独立抽检。

⑤ 对隧道整治、涂装过程进行质量控制。

（3）竣工验收阶段

① 督促、检查施工单位及时整理竣工文件和验收资料，并提出监理意见。

② 审查施工单位的工程竣工报告，并提出工程质量评价报告，作为验收的依据。

③ 参加建设单位组织的工程分阶段验收及竣工验收，提出监理意见并督促整改，对工程质量提出评估意见。

④ 组织工程竣工档案的编制工作，工程完工后及时向建设单位提交完整的竣工档案资料。

**3. 典型工序的工程质量控制**

工程项目因施工内容各不相同，监理的内容、方式和侧重点也不尽相同。以下针对本项目几个关键过程（工序），对监理工作的内容、措施及侧重点进行论述。

（1）原材料控制

① 按设计图纸核实进场材料的牌号、规格、成分、性能。

② 对进场材料进行复试，审查相关产品质量证明或检测报告。

③ 核查各种规格材料的出厂质量证明文件和相关资料，确保其附着力、耐腐蚀性、耐候性、稳定性等各项指标符合招标文件要求。

④ 包装运输质量控制：监理工程师会同材料商技术服务人员共同观察材料的包装运输质量，不得有泄漏、散脱、撞击损坏现象，必要时开箱抽查货物的一致性。

⑤ 经技术文件、外形尺寸、外观质量、检验合格的原材料方可按照材料入库的保管要求登记入库。

（2）混凝土道路修补质量控制

在沥青混凝土加铺前，应对原有混凝土路面进行检测及综合处理。对原有破碎、修补后损坏、拱起、沉陷板块进行更换，清除路面缩缝、胀缝、纵缝中的杂物，重新灌填料。对断板、错台等进行修补，对底板脱空板块采用压浆处理。监督施工单位按招标文件、施工图等的要求进行施工。

（3）隧道喷涂施工质量控制

喷涂作业前，要用遮挡板（或纺织布）将不需要喷涂的部位遮盖好，以免污染。喷涂操作时，要注意开喷不要过猛，喷嘴距墙面（顶棚）等补喷面的距离要适中，一般为 20～30 cm 左右，以均匀出浆为准。手握喷斗要稳，喷嘴与被喷面要垂直，否则会造成墙面出浆不均匀等现象。移动喷斗过程中应注意与喷面之间作平行移动。喷涂时应先喷小面，后喷大面。阴（转）角处先喷一面，再喷另一面，喷涂施工宜连续作业，一道紧接一道进行，不得漏喷、流淌。如需分段进行时，应在分格缝和阴角等位置接茬，如无法留在分格缝等合适部位时，第二次喷涂搭接时，宜在第一次已喷涂部位采取遮挡措施，避免接茬处厚薄不一致。喷涂两遍即可，常温时两遍的间隔时间一般为 2 小时左右。

## 四、工程进度控制（略）

## 五、工程造价控制（略）

## 六、合同与文件管理（略）

## 七、安全与文明施工管理（略）

## 八、监理文件

1. 监理通知单：由现场监理人员编制，经现场监理组长确认后，提交被监理方。

2. 监理日志：由现场监理人员逐日填写，记录每日工作情况，项目结束后，交监理项目部归档。

3. 监理周报：由现场监理工程师按规定的格式和内容编制，经总监理工程师或现场副总监理工程师审核后，每周日或周一上午前以电子邮件的形式报项目建设单位。

4. 监理月报：由现场监理组长或现场监理工程师按规定的格式和内容编制，每月底前报监理项目部，送总监理工程师或现场副总监理工程师审核确认后，于每月5日前报送项目建设单位。

5. 会议纪要：由总监理工程师或现场副总监理工程师或现场监理人员主持的定期会议、专题会议，在会议结束后，监理工程师应及时编制会议纪要，经总监理工程师或现场副总监理工程师或现场监理组长确认后，分发给参加会议的相关各方。

6. 专项报告：针对监理过程中的突发事件或现场监理人员认为应及时向项目建设单位请示报告的事项，由现场监理组长编写，经总监理工程师或现场副总监理工程师审核确认后转报项目建设单位和监理项目部。

7. 重大事故报告：当发生重大事故时，由总监理工程师或副总监理工程师按规定的格式和内容编制重大事故报告，并立即提交给项目建设单位及监理项目部。

8. 监理总结报告：项目结束后，由现场副总监理工程师草拟，经总监理工程师审核确认、项目部经理批准后，报项目建设单位和监理项目部。

9. 其他监理表：报检表、监理记录表、质量控制点一览表等，由监理员依据表格所示要求填写和提交。

10. 照片：照片应用数码相机拍摄，每张照片应有具体说明，并附在相应的报告后面。具体说明应反映设备及各主要部件制造流程；反映监理工作内容；反映产品质量状况，包括质量控制过程、重大质量问题处理前后状态；反映外购件产品质量状况；反映产品制造过程中的重大事件，如重要会议、仪式等。

## 九、现场监理人员的工作准则

1. 应有良好的职业道德，客观、公正、廉洁。
2. 时刻保持良好的形象，工作时必须身着监理制服。
3. 严格遵守检验规章制度，对要求旁站的监理及时到位。
4. 工作认真负责，严格按标准和规范进行监理，不随意提高和降低标准。
5. 严格按照《监理实施细则》的要求进行监理，按时提交监理报告。
6. 接受建设单位和施工单位对服务质量的监督。

# 单元练习

一、选择题

1. 《建设工程监理规范》中明确了岗位职责的监理人员包括：(    )。

A. 总监理工程师　　B. 总监理工程师代表

C. 专业监理工程师　　D. 监理员

2. 监理工作文件中包含（    ）。

A. 可行性报告　　B. 监理规划　　C. 施工图　　D. 监理实施细则

3. 建设工程监理规划是由（    ）主持编写的。

A. 监理单位技术负责人　　B. 项目经理

C. 总监理工程师　　D. 监理员

4. 建设工程监理规划的主要编制依据包括（    ）。

A. 监理大纲　　B. 监理招标文件

C. 监理合同　　D. 工程建设法律、法规

5. 下列选项不属于建设工程监理规划内容的是（    ）。

A. 工程概况　　B. 合同与信息管理

C. 安全生产管理职责　　D. 施工方案

6. 下列工程需要编制监理实施细则的项目是（    ）。

A. 住宅厨房翻修　　B. 住宅门窗更换　　C. 搅拌混凝土　　D. 深基坑支护

7. 监理实施细则是由（    ）主持编写的。

A. 总监理工程师　　B. 项目经理　　C. 专业监理工程师　　D. 监理员

8. 监理实施细则的编写依据包括（　　）。

A. 已批准的监理规划　　　　B. 工程建设标准

C. 验收规范　　　　D. 验收报告

9. 下列选项内容不属于监理实施细则对监理单位作用的是（　　）。

A. 更好地进行质量、安全、进度、造价控制

B. 增加监理对本工程的认识和熟悉程度

C. 消除建设单位对监理工作能力的疑虑

D. 有助于提高监理的专业技术水平

10. 下列项目不属于监理实施细则的是（　　）。

A. 监理总则

B. 施工准备阶段的工作内容和要点

C. 工程质量控制的程序、要点、方法和措施

D. 监理工作的目标

二、简答题

1. 建设工程监理规划的作用有哪些？

2. 建设工程监理规划编写的依据是什么？

3. 编写建设工程监理规划有哪些要求？

4. 建设工程监理实施细则的作用是什么？

5. 建设工程监理实施细则包含的主要内容有哪些？

三、案例题

广州市某大型过江主干道整治工程，投资 1 000 万元，长度为 1 480 m，宽度为 33.4 m，高度为 8.15 m，断面大于 60 $m^2$，工期 90 天（自然日）。劳动力高峰期投入 145 人，主要的施工内容是对隧道进行侧墙整饰、顶部涂装、照明设施改造、路面病害治理等。聘请某工程建设监理有限公司为本项目监理方，现需编写监理规划和监理实施细则。

问题：

1. 本项目监理机构的人员包括总监理工程师 1 名，专业监理工程师 2 名，监理员 3 名，请在监理规划中阐述各级人员的岗位职责。

2. 在编写监理实施细则过程中，请明确本项目监理工作过程中可能涉及的监理文件及其编制人、填写人、负责人。

# 单元 4　建设工程监理的工作内容和主要方式

## 学习目标

1. 掌握目标控制的定义。
2. 熟悉目标控制的方法。
3. 熟悉安全管理的基本方针。
4. 熟悉安全管理的基本原则。
5. 能结合工程实际，明确工程监理的安全责任。
6. 能结合工程实际，协助进行安全隐患和安全事故的处理。
7. 树立“安全第一、预防为主”的安全施工意识。

## 导读

### 工程建设坚持“人民至上、生命至上”价值理念

根据2021年住房城乡建设部发布的2020年全国房屋市政工程生产安全事故类型情况统计分析，高处坠落事故占总数的59.07%；物体打击事故占总数的12.05%；起重机械伤害事故占总数的6.53%；土方、基坑坍塌事故占总数的6.10%；施工机具伤害事故占总数的3.77%；触电事故占总数的3.19%；其他类型事故占总数的9.29%，如图4-1所示。

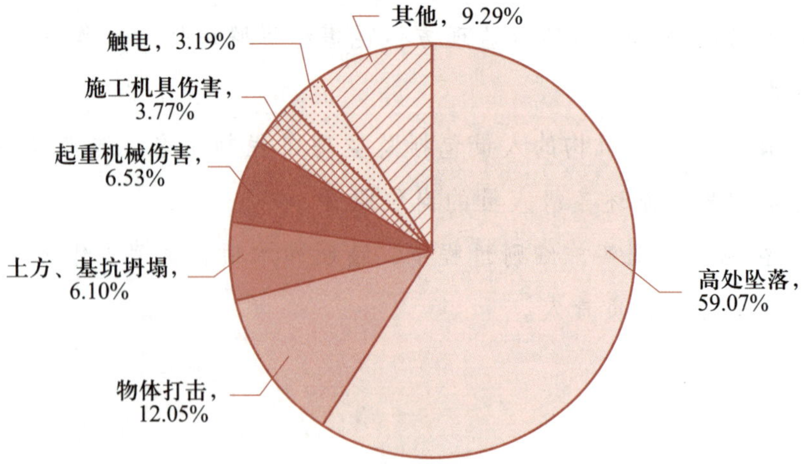


图4-1　2020年全国房屋市政工程生产安全事故类型情况

因此，在建设工程施工中要坚守“安全第一、预防为主、综合治理”的安全生产方针，牢固树立“安全管理、以人为本”的安全生产观。全面落实安全文明施工责任制，实现建设工程施工过程无任何人员伤亡事故及安全事故目标。

建筑安全不仅决定着施工人员的生命安全与健康，还关系到人民生命和财产安全。工程建设必须坚持“人民至上、生命至上”的价值理念，决不能为了加快工程进度、降低工程造价而忽视工程安全和质量。

# 4.1 目标控制概述

## 一、目标控制的概念

目标控制是指按照计划标准衡量所取得的成果，纠正所发生的偏差，以确保计划目标的实现。在目标实现的过程中，由于各种环境的动态变化，所以目标控制应该是一个动态的控制。目标控制的原理如图 4-2 所示。

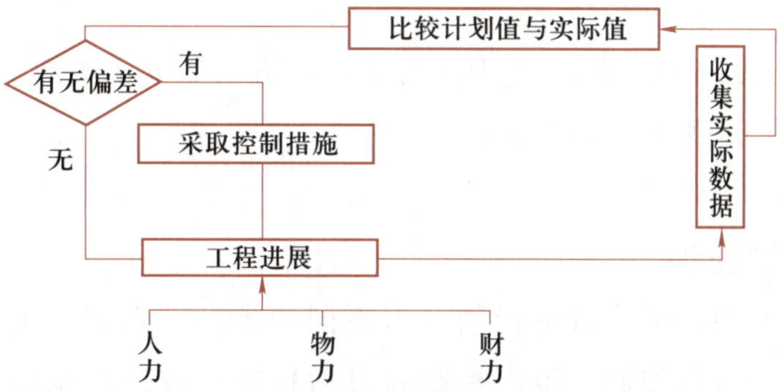


图 4-2 目标控制的原理

目标控制包含以下几个基本环节：投入、转换、反馈、对比、纠偏。

### 1. 投入

首先涉及的是传统的生产要素，如人力、物力、财力等，还包括施工方法、信息等。

### 2. 转换

转换是指由投入到产出的转换过程。通常表现为人力运用各种工具和手段将材料等转换成建筑产品的过程。在转换过程中，计划的运行往往受到许多因素干扰，同时，由于计划本身不可避免地存在一定问题，从而造成实际状况偏离预定的目标和计划。因此，在转换的过程中要及时采取纠偏措施避免目标偏离，从而实现目标。

### 3. 反馈

反馈是指控制部门和控制人员需要全面、及时、准确地了解计划的执行情况及其结果，设计信息反馈系统，预先确定反馈信息的内容、形式、来源、传递路径等，使每个控制部门和人员都能及时获得他们所需要的信息。

4. 对比

对比是指将目标的实际值与计划值进行比较，以确定是否发生偏离。在对比工作中，要注意以下几点：

（1）明确目标实际值与计划值的内涵。

（2）合理选择比较的对象，常见的是相邻两种目标值之间的比较。

（3）建立目标实际值与计划值之间的对应关系。

（4）确定衡量目标偏离的标准。

5. 纠偏

根据偏差的具体情况，可以按以下三种情况进行纠偏：

（1）直接纠偏，指在轻度偏离的情况下，不改变原定目标的计划值和原定的实施计划，在下一个控制周期内，使目标的实际值控制在计划值范围内。

（2）不改变总目标的计划值，调整后期实施计划，这是在中度偏离情况下所采取的对策。

（3）重新确定目标的计划值，并据此重新制订实施计划，这是在重度偏离情况下所采取的对策。

纠偏一般是针对正偏差（实际值大于计划值）而言，如投资增加、工期拖延。对于负偏差的情况，要仔细分析其原因，排除假象。

## 二、目标控制的类型

根据划分依据的不同，可将目标控制分为不同的类型。例如，按照控制措施作用于控制对象的时间，可分为事前控制、事中控制和事后控制；按照控制信息的来源，可分为前馈控制和反馈控制；按照控制过程是否形成闭合回路，可分为开环控制和闭环控制；按照控制措施制订的出发点，可分为主动控制和被动控制。同一控制措施可以表述为不同的控制类型。

1. 主动控制

主动控制是在预先分析各种风险因素及其导致目标偏离的可能性和程度的基础上，拟订和采取有针对性的预防措施，从而减少乃至避免目标偏离。主动控制是事前控制、前馈控制、开环控制，属于前瞻性控制。

2. 被动控制

被动控制是从计划的实际实施中发现偏差，通过对产生偏差的原因进行分析，研究制订纠偏措施，以使偏差得以纠正，工程实施恢复到原来的计划状态，即使不能恢复到计划状态，也可以降低偏差的严重程度。被动控制是事中控制和事后控制、反馈控制、闭环控制，是实施过程中的控制。

**3. 主动控制与被动控制的关系**

在建设工程实施过程中，如果仅仅采取被动控制措施，难以实现预定的目标。但是，仅仅采取主动控制措施是不现实的，或者说是不可能的，有时可能是不经济的。这表明，是否采取主动控制措施以及采取何种主动控制措施，应在对风险因素进行定量分析的基础上，通过技术经济分析和比较来决定。因此，对于建设工程目标控制来说，主动控制和被动控制两者缺一不可，应将主动控制与被动控制紧密结合起来，以主动控制为主，被动控制为辅，如图 4-3 所示。

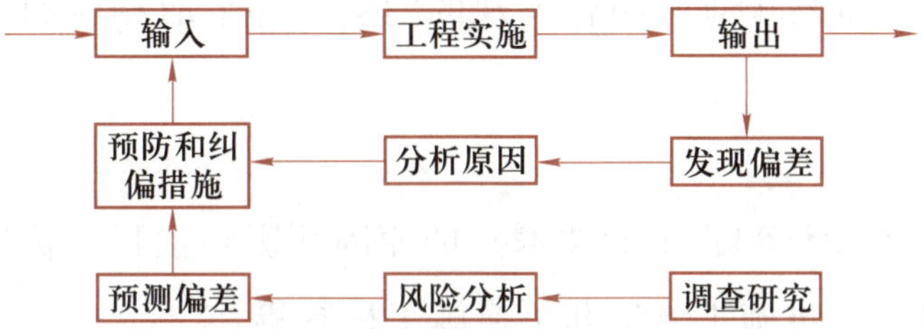


图 4-3 主动控制与被动控制结合

要做到主动控制与被动控制相结合，关键在于处理好以下两方面问题：

（1）要扩大信息来源，即不仅要从本工程获得实施情况的信息，而且要从外部环境获得有关信息，包括已建同类工程的有关信息，这样才能对风险因素进行定量分析，使纠偏措施有针对性。

（2）要把握好输入环节，即要输入两类纠偏措施，不仅有纠正已经发生的偏差的措施，而且有预防和纠正可能发生的偏差的措施，这样才能取得较好的控制效果。

在建设工程实施过程中，应当认真研究并制订多种主动控制措施，尤其要重视那些基本上不需要耗费资金和时间的主动控制措施，如组织、经济、合同方面的措施，并力求加大主动控制在控制过程中的比例。

## 三、目标控制的前提工作

目标控制的前提工作主要有以下两方面：

（1）目标规划和计划，目标规划和计划越明确、越具体、越全面，目标控制的效果就越好。

（2）目标控制组织，控制的目标决定控制的组织，组织是目标控制能否实现的关键因素。

## 四、目标控制的措施

为了取得目标控制的理想效果，可以在建设工程实施的各个阶段采取组织措施、管理措施、经济措施、技术措施等。

**1. 组织措施**

分析由于组织的原因而影响项目目标实现的问题，并采取相应的措施，如调整项目组织结构、任务分工、管理职能分工、工作流程组织和项目管理班子人员等。

**2. 管理措施（包括合同措施）**

分析由于管理的原因而影响项目目标实现的问题，并采取相应的措施，如调整进度管理的方法和手段，改变施工管理和强化合同管理等。

**3. 经济措施**

分析由于经济的原因而影响项目目标实现的问题，并采取相应的措施，如落实加快工程施工进度所需的资金等。

**4. 技术措施**

分析由于技术（包括设计和施工的技术）的原因而影响项目目标实现的问题，并采取相应的措施，如调整设计、改进施工方法和更换施工机具等。

当项目目标失控时，人们往往首先思考的是采取什么技术措施，而忽略可能或应当采取的组织措施和管理措施。实际上，在对目标控制采取措施时，首先应分析组织方面的问题，采取有效的组织措施。组织是目标能否实现的决定性因素，应充分重视组织措施对项目目标控制的作用。

## 五、建设工程目标系统

项目监理机构宜根据工程特点、施工合同、工程设计文件及经过批准的施工组织设计，对工程风险进行分析，并宜提出工程质量、造价、进度目标控制及安全生产管理的防范性对策。

**1. 建设工程三大目标的关系**

建设工程一般包含三大目标：造价控制目标、进度控制目标和质量控制目标。从建设工程建设单位的角度出发，往往希望该工程的造价低、工期短（或进度快）、质量好。如果采取某种措施可以同时实现其中两个要求（如既造价低又工期短），则该两个目标之间就是统一的关系；反之，如果只能实现其中一个要求（如工期短），而另一个要求不能实现（如质量差），则该两个目标（即工期和质量）之间就是对立的关系。

建设工程三大目标之间的对立关系比较直观，易于理解。不能奢望造价、进度、质量三大目标同时达到“最优”，即既要造价低，又要工期短，还要质量好。

在对建设工程三大目标进行分析时，需要将造价、进度、质量三大目标作为一个系统统筹考虑，需要反复协调和平衡这三大目标，力求实现整个目标系统最优，达到统一，使任何一个目标都是在满足其他两个目标的前提下实现的。

简而言之，建设工程三个目标之间是对立而又统一的关系。

**2. 建设工程目标分解**

（1）目标分解的原则

① 能分能合。要求目标分解要有明确的依据并采用适当的方式。② 按工程部位分解，不按工种分解。③ 区别对待，有粗有细。对不同工程内容目标分解的层次或深度，要根据目标控制的实际需要和可能来确定。④ 有可靠的数据来源。目标分解所达到的深度应以能够取得可靠的数据为原则。⑤ 目标分解结构与组织分解结构相对应。目标分解结构在较粗的层次上应当与组织分解结构一致。

（2）目标分解的方式

① 按工程内容分解是建设工程目标分解最基本的方式，适用于造价、进度、质量三个目标的分解。目标分解应当达到的层次，一方面取决于工程进度所处的阶段、资料的详细程度、设计所达到的深度等；另一方面还取决于目标控制工作的需要。② 按时间分解也是建设工程目标分解一种常见的方式。

**3. 建设工程目标系统控制**

建设工程目标系统控制是指在确定目标时，对三大目标进行反复协调和平衡，力求实现整个目标系统最优。当采取某项控制措施时，如果某项措施会对其他两个目标产生不利的影响，就要考虑是否还有别的更好的措施，要慎重决策。

（1）建设工程目标系统全过程控制

工程建设全过程是指建设工程实施的全过程。工程建设全过程包括项目决策阶段、项目实施阶段，如图 4-4 所示。建设工程目标系统控制主要集中在项目实施阶段，包括设计准备阶段、设计阶段、招标阶段、施工阶段、竣工验收阶段和保修阶段。

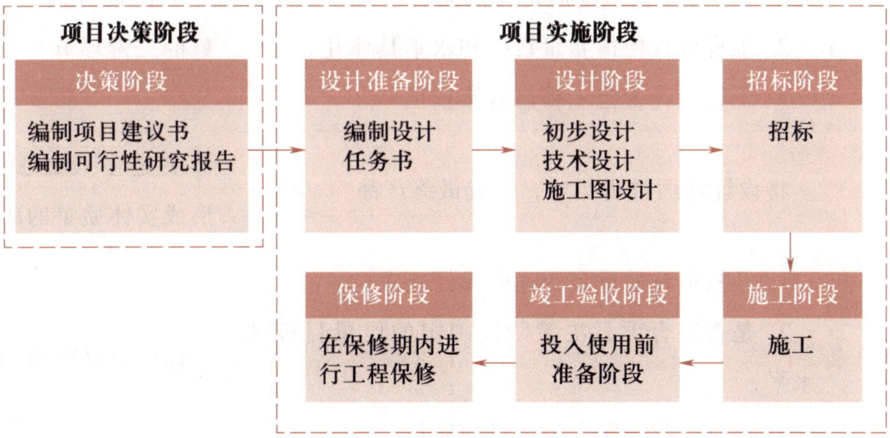


图 4-4 工程建设全过程

在明确全过程控制的前提下，还要特别强调早期控制的重要性，越早进行控制，目标控制的效果越好。

(2) 建设工程目标系统全方位控制

对系统目标进行全方位控制是指按工程内容组成对各项目标进行控制，即对单项工程、单位工程、分部分项工程的目标进行控制。

## 4.2 工程质量控制

在对建设工程进行质量控制时，应根据质量目标设置质量控制点，在预先分析各种风险因素及其导致目标偏离的可能性和程度的基础上，拟订和采取有针对性的预防措施，从而减少乃至避免目标偏离。工程建设各阶段对质量形成的作用与影响见表4-1。

表4-1 工程建设各阶段对质量形成的作用与影响

| 工程建设阶段 | 对质量形成的作用 | 对质量形成的影响 |
|---|---|---|
| 项目可行性研究 | 1. 项目决策和设计的依据；<br>2. 确定工程项目的质量要求，与造价目标相协调 | 直接影响项目的决策质量和设计质量 |
| 项目决策 | 1. 充分反映建设单位的意愿；<br>2. 与地区环境相适应，做到造价、质量、进度三者协调统一 | 确定工程项目应达到的质量目标和水平 |
| 工程勘察、设计 | 1. 工程的地质勘察为建设场地的选择和工程的设计与施工提供地质资料依据；<br>2. 工程设计使得质量目标和水平具体化；<br>3. 工程设计为施工提供直接依据 | 工程设计阶段是决定工程质量的关键环节 |
| 工程施工 | 将设计意图付诸实施，建成最终产品 | 决定了设计意图能否体现，形成实体质量的决定性环节 |
| 工程竣工验收 | 1. 考核项目质量是否达到设计要求；<br>2. 是否符合项目决策阶段确定的质量目标和水平；<br>3. 通过验收确保工程项目的质量 | 保证最终产品的质量 |

由表4-1可见，工程设计阶段是决定工程质量的关键环节，对建设工程进行质量控制应重点控制设计阶段。而工程施工阶段则是形成实体质量的决定性环节，工程施工阶段的质量

控制应遵循以下步骤。

## 一、坚持工程质量控制原则

### 1. 坚持质量第一的原则

在进行三大目标控制，处理三者关系时，自始至终把“质量第一”作为对工程质量控制的基本原则。

### 2. 坚持以人为核心的原则

重点控制人的素质和人的行为，充分发挥人的积极性和创造性，以人的工作质量保证工程质量。

### 3. 坚持以预防为主的原则

以预防为主，加强过程和中间产品质量检查和控制。

### 4. 坚持质量标准的原则

应通过质量检验并和质量标准对照，符合质量标准要求的是合格的工程；不符合质量标准要求的是不合格的工程，必须返工处理。

### 5. 坚持科学、公正、守法的职业道德

在工程质量控制过程中，监理单位要坚持职业道德，遵纪守法，秉公监理。

## 二、分析影响质量的因素

重点分析影响质量的因素，从而有针对性地采取质量控制措施，完成质量控制目标。影响工程质量的因素主要有五个方面，简称为 4M1E 因素：

（1）人员素质（Man）；

（2）工程材料（Material）；

（3）机械设备（Machine）；

（4）方法（Method）；

（5）环境条件（Environment）。

## 三、设置质量控制点

设置质量控制点，严格执行过程检查和竣工验收。质量控制点应重点关注：关键部位、薄弱环节、隐蔽工程、“四新”应用（新技术、新材料、新设备、新工艺）、无把握工序。例如地基、基础、钢筋、混凝土、砌筑、抹灰、防水、保温、高危工种等的工序、技术间隙等。

## 四、加强对检验批和分项、分部、单位工程的检查验收

### 1. 检验批质量验收合格标准

（1）主控项目的质量经抽样检验均应合格；

（2）一般项目的质量经抽样检验合格；

（3）具有完整的施工操作依据、质量验收记录。

### 2. 分项工程质量验收合格标准

（1）所含检验批的质量均应验收合格；

（2）所含检验批的质量验收记录应完整。

### 3. 分部工程质量验收合格标准

（1）所含分项工程的质量均应验收合格；

（2）质量控制资料应完整；

（3）有关安全、节能、环境保护和主要使用功能的抽样检验结果应符合相应规定；

（4）观感质量应符合要求。

### 4. 单位工程质量验收合格标准

（1）所含分部工程的质量均应验收合格；

（2）质量控制资料应完整；

（3）所含分部工程中有关安全、节能、环境保护和主要使用功能的检验资料应完整；

（4）主要使用功能的抽查检验结果应符合相关专业验收规范的规定；

（5）观感质量应符合要求。

## 五、质量检验的方法

常见质量检验的方法有以下几种类型，如图 4-5 所示。

（1）目测法：看、摸、敲、照。

（2）实测法：靠、量、吊、套。

（3）实验法：理化实验（物理、力学性能和化学成分的检验）、无损检验。

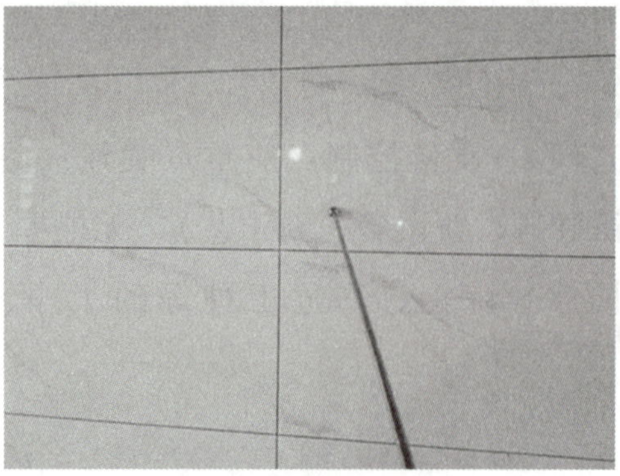

(a) 敲：检查瓷砖空鼓

(b) 量：测量结构尺寸

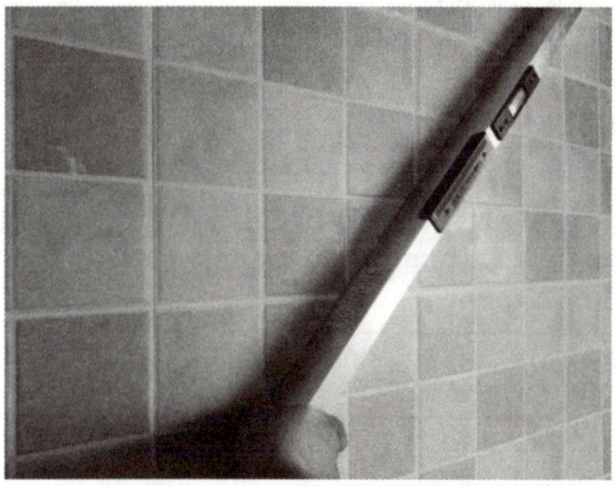

(c) 靠：检测平整度和垂直度

(d) 吊：测量垂直度

(e) 钢筋冷弯试验

(f) 混凝土抗压强度试验

(g) 钢材焊缝无损检测

图 4-5 常见的质量检验方法

建设工程质量控制流程如图 4-6 所示：

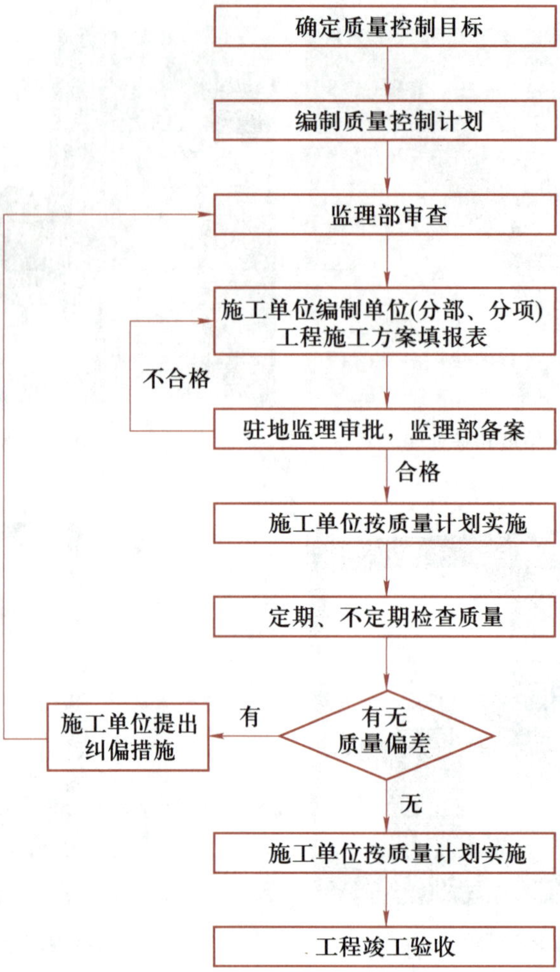


图 4-6 建设工程质量控制流程

## 【案例】

某高层建筑，基础为大体积钢筋混凝土结构。负责该项目的专业监理工程师在该工程开工前审查了施工单位的施工方案，编制了监理实施细则，设置了质量控制点，并制定了质量检测制度和隐蔽工程验收制度。在施工中出现了如下问题：

1. 施工单位为抢进度，在完成钢筋工程后马上派质检员到监理办公室请负责该项目监理的专业监理工程师进行隐蔽工程验收。该监理工程师立即到现场进行检查，发现钢筋焊接接头、钢筋间距和保护层厚度等方面不符合设计和规范要求，随即口头指示施工单位整改。

**问题：**

(1) 如此进行隐蔽工程验收，在程序上是否妥当？正确的程序是什么？

(2) 监理工程师要求施工单位整改的方式是否妥当？

**解析：**

（1）如此进行隐蔽工程验收不妥，正确的验收程序：隐蔽工程结束后，施工单位先自检，自检合格后，填写报验申请表并附相关证明材料，报监理机构。监理工程师收到报验申请表后先审查质量证明资料，并在合同约定时间内到场检查，施工单位的专职质检员及相关施工人员应随同一起到现场。检查合格，在报验申请表及检查证上签字确认，进行下道工序；否则，签发不合格项目通知，要求施工单位整改。

（2）监理工程师要求施工单位整改的方式不妥，理由是监理工程师应按规范要求下发不合格项目通知，书面指令施工单位整改。

2. 施工单位在自购钢筋进场之后按要求向专业监理工程师提交了合格证，在监理员的见证下取样，送样进行复试，结果合格，专业监理工程师经审查同意使用该批钢筋。但在隐蔽验收时，发现施工单位未做钢筋焊接试验，故专业监理工程师责令施工单位在监理人员见证下取样送检，试验结果发现钢筋不合格，经对钢筋重新检验，最终确认该批钢筋不合格。监理工程师随即发出不合格项目通知，要求施工单位拆除不合格钢筋，重新施工，同时报告了建设单位代表。施工单位以本批钢筋已经监理人员验收为由，不同意拆除，并提出若拆除，应延长工期 10 天、补偿直接损失 40 万元的索赔要求。建设单位得知此事后，认为监理有责任，要求监理单位按委托监理合同约定的比例赔偿建设单位损失 6 000 元。

**问题：**

（1）项目监理机构是否应承担质量责任，为什么？

（2）施工单位是否应承担质量责任，为什么？

（3）建设单位对监理单位提出索赔要求是否合理，为什么？

（4）监理工程师对施工单位的索赔要求应如何处理，为什么？

**解析：**

（1）项目监理机构不应承担质量责任，因为项目监理机构没有违背《中华人民共和国建筑法》和《建设工程质量管理条例》有关监理单位质量责任的规定。

（2）施工单位应承担质量责任，因为施工单位购进了不合格材料。

（3）建设单位对监理单位提出赔偿要求不合理，因为钢筋质量责任不在监理单位，监理单位未给建设单位造成直接损失。

（4）监理工程师应不同意施工单位的索赔要求。因为施工单位采购了不合格材料，尽管该批钢筋已经监理工程师检验，但根据建设工程施工合同约定，不论监理工程师是否参加了验收，当其对某部分的工程质量有怀疑时，有权要求施工单位重新检验；检验合格，建设单位承担由此发生的全部合同价款，赔偿施工单位损失，并相应顺延工期；检验不合格，施工单位承担发生的全部费用，工期不予顺延。

## 4.3 工程造价控制

根据目标控制的全过程和全方位控制原理，在对建设工程进行目标控制时，必须对各个阶段的各种组成内容进行控制，其重点是实施阶段。

在对建设工程进行造价控制时，必须按不同阶段对构成造价的全部费用进行控制。工程造价是指整个项目建设的全部费用，如图4-7所示。生产性工程项目造价包括建设造价及流动资产造价，非生产性工程项目造价只包括建设造价。建设造价包括建筑安装工程费用，设备、工具、器具购置费用，工程建设其他费用，基本预备费用，涨价预备费用，建设期贷款利息，固定资产投资方向调节税。

- 工程造价
  - 建设造价
    - 建筑安装工程费用
    - 设备、工具、器具购置费用
    - 工程建设其他费用
    - 预备费用
      - 基本预备费用
      - 涨价预备费用
    - 建设期贷款利息
    - 固定资产投资方向调节税
  - 流动资产造价

图4-7 工程造价构成（生产性工程项目）

在对建设工程进行造价控制时，应重点控制以下几个方面。

### 一、严格审核工程款支付

#### 1. 工程预付款

（1）工程预付款的概念：工程预付款又称材料备料款或材料预付款。它是建设单位为了帮助施工单位解决工程施工前期资金紧张的问题而提前支付的一笔款项。工程是否实行预付款，取决于工程性质、承包工程量的大小以及建设单位在招标文件中的规定。

（2）支付比例：一般建筑工程不应超过合同价款（包括水、电、暖）的30%，安装工程不应超过合同价款的10%。

（3）扣回方式：常用的有一次性扣回、按月平均扣回和从起扣点扣回。其中，采用从起扣点扣回的方式最为普遍。起扣点的计算公式如下：

$$T=P-M/N$$

式中 $T$——起扣点，即工程预付款开始扣回的累计完成工程金额；

$P$——承包工程合同总额；

$M$——工程预付款数额；

$N$——主要材料、构件所占比重。

**2. 工程进度款**

（1）工程进度款的概念：工程进度款是指在施工过程中，按逐月、季度或年（或施工进度、控制界面等）完成的工程量计算的各项费用总和。

（2）支付时间：工程进度款的支付一般按当月实际完成工程量进行结算，工程竣工后办理竣工结算。在工程价款结算中，应在施工过程中双方确认计量结果后 14 天内，按完成工程量支付工程进度款。

（3）支付程序：① 专业监理工程师进行现场计量，按施工合同的约定，审核工程量清单和工程款支付申请表，并报总监理工程师审定；② 总监理工程师签署工程款支付证书，并报建设单位；③ 未经监理人员质量验收合格的工程量，或不符合施工合同规定的工程量，监理人员应拒绝计量和该部分的工程款支付申请。

**3. 工程竣工结算**

（1）工程竣工结算的概念

工程竣工结算是指一个建设项目或单项工程、单位工程全部竣工，建设单位和施工单位双方根据现场施工记录、设计变更通知书、现场变更鉴定、定额预算单价等资料，进行合同价款的增减或调整计算。

① 总价合同。分为固定总价合同和可调总价合同。固定总价合同的结算价款由合同价款、变更合同价款、理赔额、奖惩额等组成，扣除保修金、预付款、甲供材费用、代付费用等；可调总价合同的结算价款则在固定总价结算的基础上，考虑物价的调整。

② 单价合同。分为固定单价合同和可调单价合同。固定单价合同的结算价款按合同单价和实际完成的工程量结算，并计算变更合同价款、理赔额、奖惩额，扣除保修金、预付款、甲供材费用、代付费用；可调单价合同的结算价款与固定单价合同的结算价款不同的是，结算时的合同单价要考虑价格的变化。

③ 成本加酬金合同。结算价款按实际成本及约定的酬金计算。

（2）结算程序

竣工验收报告被认可后的 28 天内，施工单位递交竣工结算报告及完整的结算资料，进行工程竣工结算。建设单位收到结算报告及结算资料后的 28 天内，支付工程结算价款，否则从第 29 天起按施工单位同期贷款利率支付拖欠工程价款的利息，并承担违约责任。工程竣工验收报告被认可后的 28 天内，施工单位未能向建设单位递交竣工结算报告及结算资料，造成竣工结算不能正常进行或工程竣工结算价款不能及时支付，建设单位要求交付工程的，施工单位应当交付。建设单位收到竣工结算报告及结算资料后的 28 天内不支付工程竣工结算价款，施工单位可催建设单位支付；56天内仍不支付的，双方可协议将该工程折价，施工单位也可申请人民法院将该工程依法拍卖，并从所卖价款中优先受偿。

## 二、严格控制工程变更，认真审核变更的费用

### 1. 工程变更的概念

工程变更是指按照施工合同约定的程序，在材料、工艺、功能、构造、尺寸、技术指标、工程量及施工方法等方面对工程做出的改变。

### 2. 工程变更的计价

（1）与原有的相同，直接套用原有价格。

（2）与原有的相似，采用原有的价格，但要做调整。

（3）既无相同也无相似的，则由建设单位、监理单位与施工单位协商。

（4）工程量变更超过合同约定的范围，超过的那一部分的工程量的单价应予调整。

### 3. 工程变更的程序

（1）变更的提出，可以是建设单位、监理单位或设计单位的要求，也可以是施工单位的建议。

（2）变更的审查，主要审查工程变更的必要性、可行性、粗估费用和工期。

（3）编制设计变更文件。

（4）商定价格，工程变更费用及工期的评估情况由施工单位和建设单位进行协调。

（5）总监理工程师签发工程变更令。工程变更令应包括工程变更要求、工程变更说明、工程变更费用和工期、必要的附件（如设计变更文件）等内容，有设计变更文件的工程变更应附设计变更文件。施工单位在双方确定变更后14天内提出费用报告，否则视为不涉及费用变更；监理工程师在14天内予以答复，否则视为已接受。

## 三、预防和处理工程索赔

### 1. 工程索赔的概念

索赔是指由于非己方的原因遭受了损失，向承担责任的一方请求补偿的行为。

### 2. 工程索赔的分类

工程索赔按索赔的依据不同可以分为合同内索赔和合同外索赔；按索赔形式的不同可以分为索赔和反索赔；按索赔对象的不同可以分为工期索赔和费用索赔；按索赔原因的不同可以分为工程延误、工程变更、合同非正常终止、工程加速、不可抗力等索赔。

### 3. 工程索赔程序

索赔事件发生后28天内，施工单位向监理工程师发出索赔意向通知。发出索赔意向通知后28天内，施工单位向监理工程师提出延长工期或送交补偿经济损失的索赔报告及有关

资料。监理工程师在收到施工单位送交的索赔报告和有关资料后，于28天内给予答复，或要求施工单位进一步补充索赔理由和证据。监理工程师在收到施工单位送交的索赔报告和有关资料后28天内未予答复或未对施工单位做进一步要求，视为该项索赔已获认可。当该索赔事件持续进行时，施工单位应当阶段性向监理工程师发出索赔意向，并在索赔事件终止后28天内，向监理工程师送交索赔的有关资料和最终索赔报告。

**4. 索赔文件**

（1）索赔意向书。在索赔意向书中由索赔方提出索赔事件、事件后果、索赔初步意见。

（2）索赔报告。包括索赔函、索赔报告正文（陈述索赔事件、原因、理由、依据以及损失和补偿要求）、附件（索赔计算书、索赔证据）等。

**5. 索赔值的确定**

（1）费用索赔

实际损失的费用由责任方承担。由于不可抗力因素引起的费用索赔，按以下原则处理：① 工程本身的损害，因工程损害导致第三者人员伤亡和财产损失以及运送至施工现场用于施工的材料和待安装设备的损害，由建设单位承担。② 建设单位、施工单位人员伤亡由其所在单位负责，并承担相应费用。③ 施工单位施工机械设备的损失及停工损失，由施工单位承担。④ 停工期间，施工单位应建设单位要求留在施工现场的必要管理人员及保卫人员的费用，由建设单位承担。⑤ 工程所需清理、修复的费用，由建设单位承担。

（2）工期索赔

首先确定引起索赔的责任方，然后通过施工计划分析总工期是否延长。由于不可抗力因素引起的工期延误，工期顺延。

## 四、审核工程质量保修金

工程质量保修金是指建设单位与施工单位在建设工程承包合同中约定或施工单位在工程保修书中承诺，在建筑工程竣工验收交付使用后，从应付的建设工程款中预留的用以维修建筑工程在保修期限内和保修范围内出现的质量问题的资金。

在正常使用条件下，建设工程的最低保修期限为：

（1）基础设施工程、房屋建筑的地基基础工程和主体结构工程，为设计文件规定的该工程的合理使用年限；

（2）屋面防水工程、有防水要求的卫生间、房间和外墙面的防渗漏，为5年；

（3）供热与供冷系统，为2个采暖期、供冷期；

（4）电气管线、给排水管道、设备安装和装修工程，为2年；

（5）其他项目的保修期限由建设单位与施工单位约定。

工程质量保修金的比例一般不超过工程价款结算总额的3%，扣留方式主要有两种：

（1）在工程竣工结算时，按照结算价和约定的比例扣留质量保修金。

（2）按照合同约定每次付款时，扣留相应的质量保修金。

工程造价控制流程如图 4-8 所示：

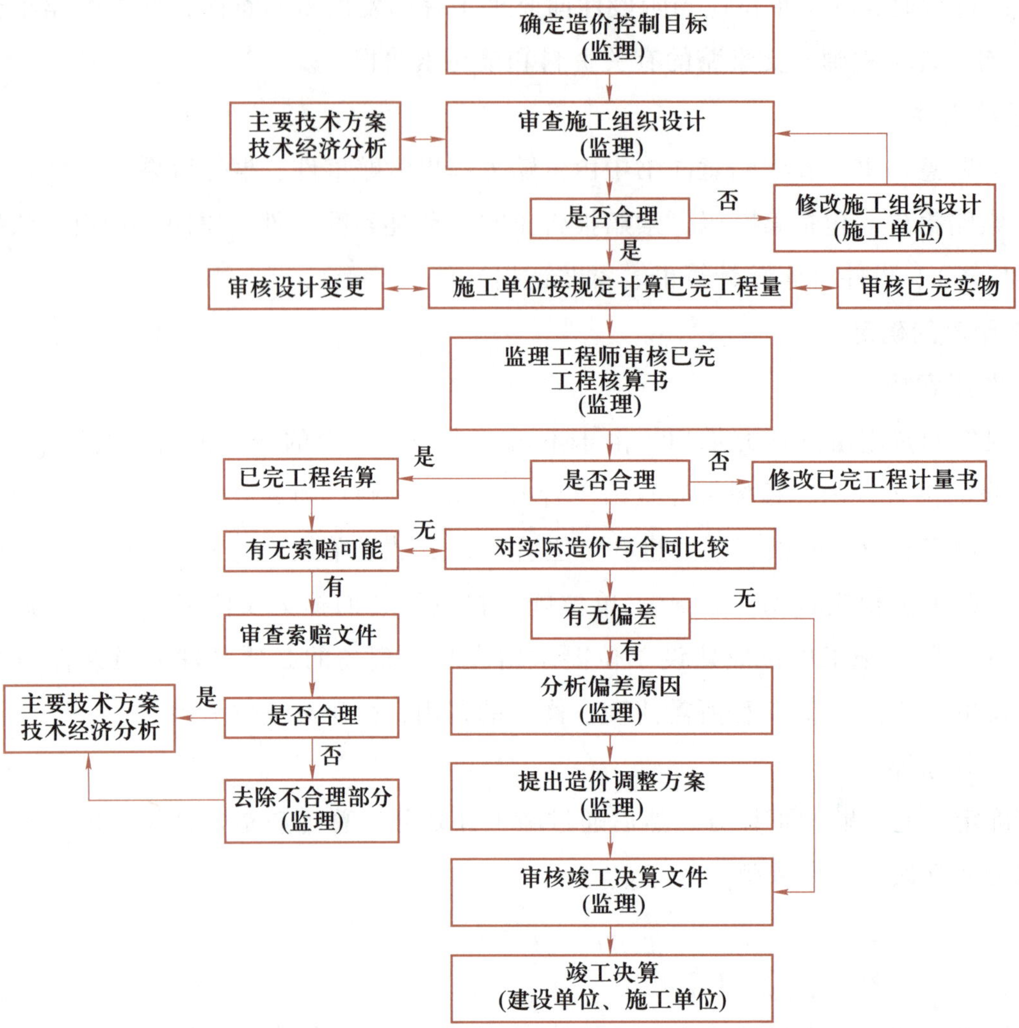


图 4-8 工程造价控制流程

## 【案例】

某项建设工程，建设单位与施工单位签订了工程施工合同，合同工期为 4 个月，按月结算，合同中结算工程量为 20 000 $m^3$，合同价为 100 元/$m^3$，其中材料价格约占总造价的 40%。

承包合同规定：

1. 开工前建设单位应向施工单位支付合同价 20% 的预付款，当累计的进度款达到起扣点后，每月平均扣回。

2. 工程质量保修金为合同价的 3%，从第一个月起按结算工程款的 10% 扣除，扣完为止。

3. 当实际累计工程量超过计划累计工程量的15%时，应对单价进行调价，调整系数为0.9；当实际累计的工程量少于计划累计工程量的90%时，应对单价进行调价，调整系数为1.1。

4. 监理工程师签发的月度付款最低金额为50万元。

5. 每月计划工程量与实际工程量见表4-2，施工单位每月实际完成工程量已经由监理工程师签认。

**表4-2 每月计划工程量与实际工程量表** 单位：$m^3$

| 月份 | 1 | 2 | 3 | 4 |
|---|---|---|---|---|
| 计划工程量 | 4 000 | 5 000 | 6 000 | 5 000 |
| 实际工程量 | 3 000 | 5 000 | 8 000 | 8 000 |

**问题：**

1. 该工程的预付款是多少？

2. 该工程的工程质量保修金是多少？

3. 监理工程师每月应签发的工程款是多少？实际签发的付款凭证金额是多少？

**解析：**

合同价款 = 20 000 $m^3$×100 元/$m^3$ = 200 万元

1. 工程预付款 = 200 万元×20% = 40 万元

起扣点 = 200 万元−40 万元/40% = 100 万元

2. 工程质量保修金 = 200 万元×3% = 6 万元

3. 第一个月应签工程款 3 000 $m^3$×100 元/$m^3$ = 30 万元

由于合同规定，监理工程师签发的月度付款最低金额为50万元，所以本月监理工程师不签发付款凭证。

第二个月应签发工程款为 5 000 $m^3$×100 元/$m^3$ = 50 万元

实际签发工程款 = 30 万元+50 万元−6 万元 = 74 万元

第三个月应签发工程款 8 000 $m^3$×100 元/$m^3$ = 80 万元

累计进度款已达到起扣点，开始扣回预付款。

实际签发工程款 = 80 万元−40 万元/2 = 60 万元

第四个月累计计划工程量为 20 000 $m^3$，累计实际工程量为 24 000 $m^3$，因为(24 000−20 000)$m^3$/20 000 $m^3$×100% = 20%>15%，所以第四个月支付款时应进行调价。

第四个月应签发的工程款为

{8 000−[24 000−20 000×(1+15%)]} $m^3$×100 元/$m^3$ + [24 000−20 000×(1+15%)] $m^3$×100 元/$m^3$×0.9 = 79 万元

实际签发的工程款=79万元-20万元=59万元

在上述的案例中，监理工程师根据该季度的资金实际使用情况完成了资金使用，并与项目实施初期制订的资金使用计划进行对比，见表4-3。实际投资超过计划投资，本阶段投资目标未完成。对于固定单价合同，工程结算价款主要取决于工程量的变化，所以作为投资控制的监理单位应当严格控制工程变更，使实际工程量不超计划工程量，从而实现实际投资不超过计划投资。

**表4-3 资金使用情况表**

| 月份 | 1 | 2 | 3 | 4 | 合计 |
|---|---|---|---|---|---|
| 计划投资/万元 | 40 | 50 | 60 | 50 | 200 |
| 实际投资/万元 | 40（预付款） | 74 | 60 | 59 | 233 |

# 4.4 工程进度控制

建设工程进度控制是指在指定工期内，对建设工程项目根据工程总进度目标及资源优化配置的原则编制计划并付诸实施，然后在进度计划的实施过程中经常检查实际进度是否按计划要求进行，对出现的偏差情况进行分析，采取补救措施或调整、修改原计划后再付诸实施，如此循环，直到建设工程竣工验收交付使用。

在对建设工程进行进度控制时，首先应确定工程的总进度目标，在总进度目标的基础上，将进度目标按实际需要进行分解，跟踪检查实际进度，将实际进度与计划进度进行对比，发现偏差及时采取纠偏措施，最终实现进度目标。

## 一、施工进度控制的内容、任务

### 1. 施工进度控制的内容

（1）编制施工进度控制监理工作实施细则；

（2）编制或审核施工进度计划；

（3）按年、季、月编制工程综合计划；

（4）下达工程开工令；

（5）检查、监督施工单位实施施工进度计划；

（6）组织现场协调会；

（7）签发工程进度款支付证书；

（8）审批工程延期；

（9）向建设单位提供进度报告；

（10）督促施工单位整理技术资料；

（11）签署工程竣工报验单、提交质量评估报告；

（12）整理工程进度资料、工程移交。

**2. 施工进度控制的任务**

（1）编制施工总进度计划并控制其执行，按期完成施工项目任务；

（2）编制单位工程施工进度计划并控制其执行，按期完成单位工程施工任务；

（3）编制分部分项工程施工进度计划并控制其执行，按期完成分部分项工程施工任务；

（4）编制季度、月（旬）作业计划并控制其执行，完成规定的目标。

## 二、施工进度控制的方法

通过实际进度与计划进度相比较的方法，采取措施或调整计划，直至目标完成。施工进度比较分析与计划调整是施工进度控制的关键环节。

**1. 横道进度控制法**

横道进度控制法就是把在项目施工中检查实际进度收集的信息，经整理后直接用横道线并列标于原计划的横道线处，进行直观比较的方法，如图 4-9 所示。

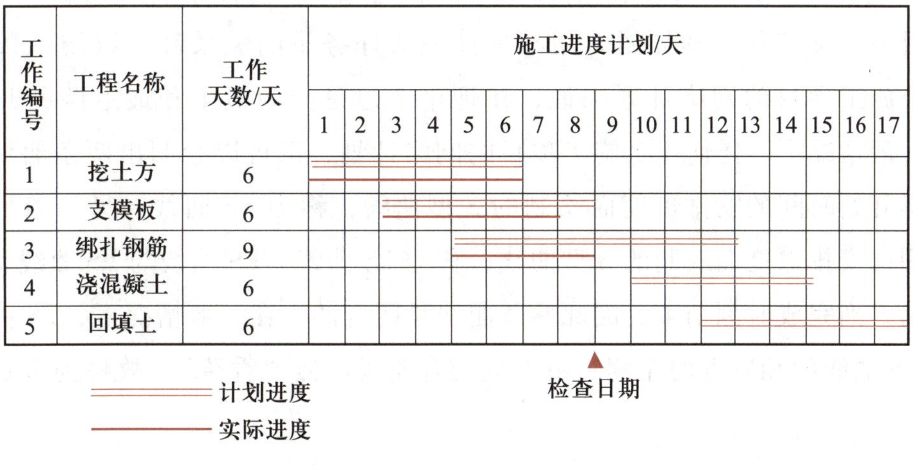


图 4-9 某钢筋混凝土工程施工实际进度与计划进度比较

在图 4-9 中可以直观地看到，在指定检查日期的时间点，挖土方进度正常；支模板进度滞后 1 天；绑扎钢筋进度正常；浇混凝土和回填土尚未开始。

**2. S 型曲线控制法**

同横道进度控制法一样，S 型曲线控制法也是在图上进行施工项目实际进度与计划进度的直观比较。在施工项目实施过程中，按照规定时间将检查收集到的实际累计完成任务量绘制在原计划 S 型曲线图上，即可得到实际进度 S 型曲线，如图 4-10 所示。

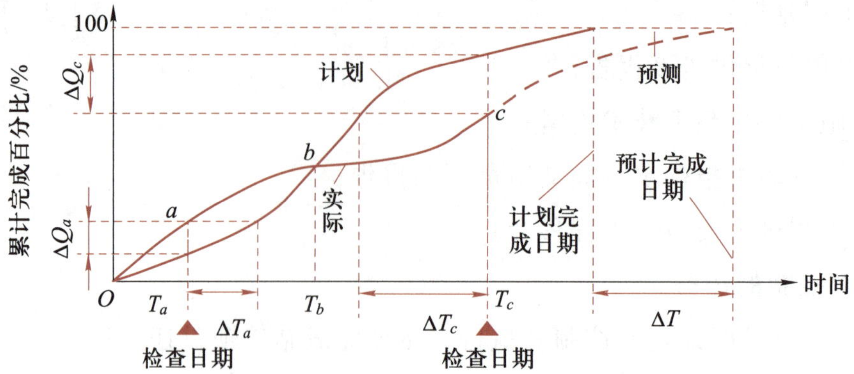


图 4-10　S 型曲线控制法

通过比较实际进度 S 型曲线和计划进度 S 型曲线，可以获得如下信息：

① 施工项目实际进展状况。② 施工项目实际进度超前或拖后的时间。当实际工程进展点落在计划 S 型曲线左侧则表示此时实际进度比计划进度超前；若落在其右侧，则表示滞后；若刚好落在其上，则表示两者一致。③ 施工项目实际超额或滞后的任务量。④ 后期施工进度预测。

在图 4-10 中可以看出，第一个检查日期 $T_a$ 实际进度超前；第二个检查日期 $T_b$ 进度正常；第三个检查日期 $T_c$ 实际进度滞后；预计项目的完成时间要比计划延期 $\Delta T$。

**3. 香蕉型曲线控制法**

香蕉型曲线是由两条 S 型曲线组合形成的闭合曲线。从香蕉型曲线控制法中可知，任何一个施工项目或一项工作，其计划时间与累计完成任务量的关系都可以用一条 S 型曲线表示。对于一个施工项目的网络计划来说，在理论上总是分为最早和最迟两种开始与完成时间。因此，一般情况下，任何一个施工项目的网络计划，都可以绘制出两条曲线：一条是按各项工作最早开始时间的安排进度而绘制的 S 型曲线，称为 ES 曲线；另一条是按各项工作最迟开始时间的安排进度而绘制的 S 型曲线，称为 LS 曲线。ES 曲线与 LS 曲线都是从计划的开始时刻开始，到完成时刻结束，因此两条曲线是闭合的。在一般情况下，ES 曲线上的其余各点均落在 LS 曲线的相应点的左侧。由于该闭合曲线形似“香蕉”，故称为香蕉型曲线，如图 4-11 所示。

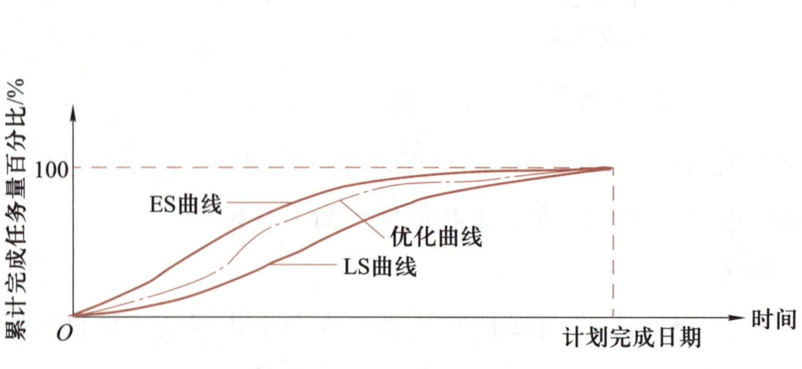


图 4-11　香蕉型曲线

在项目实施过程中，理想的状况是任一时刻的实际进度所形成的曲线在这两条曲线所包含的区域内（图 4-11 中点画线）。若实际进度曲线位于该闭合曲线之外，则要分析情况，采取措施进行调整，使其满足要求。香蕉型曲线法同样适用于造价目标控制。

**4. 前锋线比较法**

前锋线比较法是通过某检查日期施工项目实际进度前锋线，进行施工项目实际进度与计划进度比较的方法，它主要适用于时标网络计划。所谓前锋线是指在原时标网络计划上，从检查日期的时标点出发，用点画线依次将各项工作实际进展位置点连接而成的折线，如图 4-12 所示。

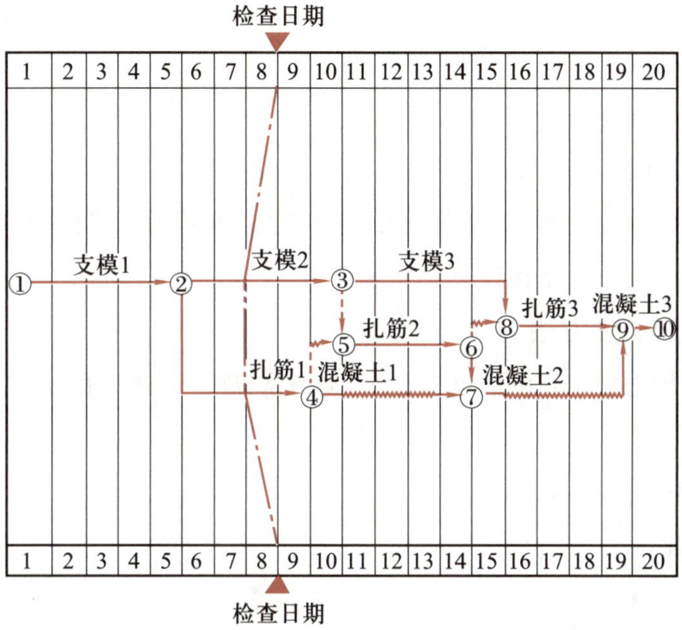


图 4-12 某钢筋混凝土工程施工前锋线

用前锋线比较法进行施工进度控制的步骤如下：

（1）绘制时标网络计划。

（2）绘制实际进度前锋线。

一般从时标网络计划上方时间坐标的检查日期开始绘制，依次连接到相邻工作的实际进展位置点，最后与时标网络计划下方坐标的检查日期相连接。

（3）进行实际进度与计划进度比较。

实际进度与计划进度之间的关系可能存在三种情况：① 工作实际进展位置点落在检查日期的左侧，表明该工作实际进度滞后，滞后的时间为两者之差；② 工作实际进展位置点落在检查日期的右侧，表明该工作实际进度超前，超前的时间为两者之差；③ 工作实际进展位置点与检查日期重合，表明该工作实际进度与计划进度一致。

（4）预测进度偏差对后续工作及总工期的影响。

通过实际进度与计划进度的比较，确定进度偏差后，还可以根据工作的自由时差和总时差预测该进度偏差对后续工作及总工期的影响情况。前锋线比较法既可用于工作实际进度与计划进度之间的局部比较，又可用于分析和预测施工项目整体进度状况。

## 三、施工进度计划的调整

### 1. 分析进度偏差对后续工作及工期的影响

在施工项目实施过程中，当通过实际进度与计划进度比较，发现存在进度偏差时，应当分析该偏差对后续工作及工期的影响，从而采取相应的调整措施对原进度计划进行调整，以确保施工进度目标的顺利实现。分析的内容主要包括以下几个方面：

（1）分析出现进度偏差的工作是否为关键工作；

（2）分析出现进度偏差是否大于总时差；

（3）分析出现进度偏差是否大于自由时差。

通过分析，进度控制人员可以根据进度偏差的影响程度，制订相应的纠偏措施进行调整，获得新的符合实际进度情况和计划目标的进度计划。

### 2. 施工进度计划的调整方法

在对实施的进度计划进行分析的基础上，应确定调整原计划的方法。其调整方法主要有以下几种：

（1）改变某些工作间的逻辑关系；

（2）缩短某些工作的持续时间；

（3）资源供应的调整；

（4）增减施工内容；

（5）增减工程量。

## 四、施工进度计划的实施与检查

### 1. 施工进度计划的实施

（1）检查施工总进度计划、单位工程施工进度计划和分部分项工程施工进度计划等；

（2）层层签订施工承包合同或下达施工任务书；

（3）进行全面的施工进度计划交底，做到进度人人重视、人人贯彻执行；

（4）分阶段地编制月（旬）作业计划；

（5）施工进度计划的实施。

### 2. 施工进度计划的检查

（1）跟踪检查施工实际进度，收集有关施工进度的信息；

（2）整理统计信息资料，使其具有可比性；

（3）对比施工实际进度与计划进度，确定偏差数量；

（4）根据施工实际进度的检查结果，提出进度控制报告。

工程进度控制流程如图 4-13 所示。

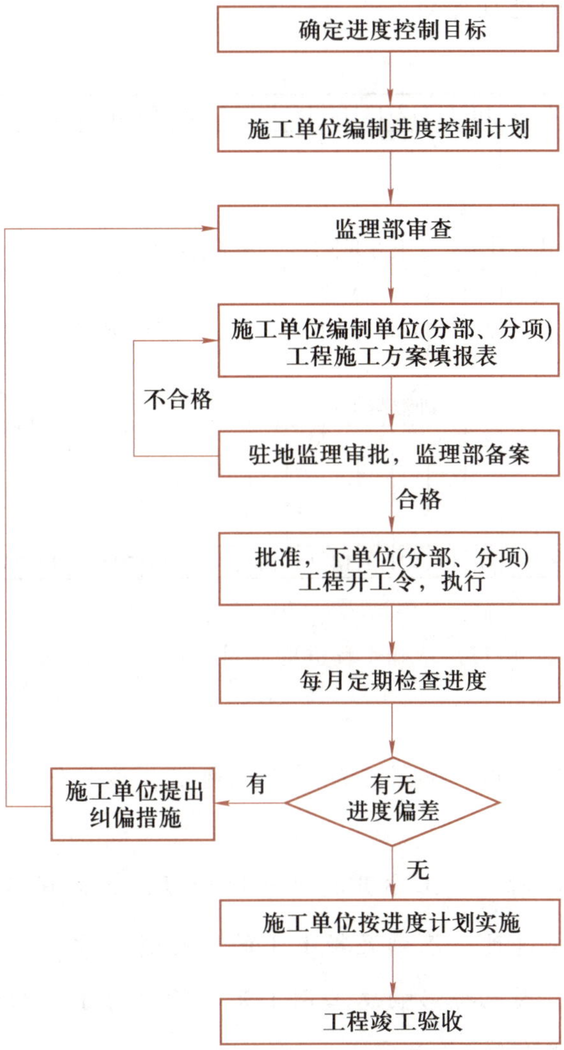


图 4-13 工程进度控制流程

【案例】

某工程的施工总进度计划如图 4-14 所示：

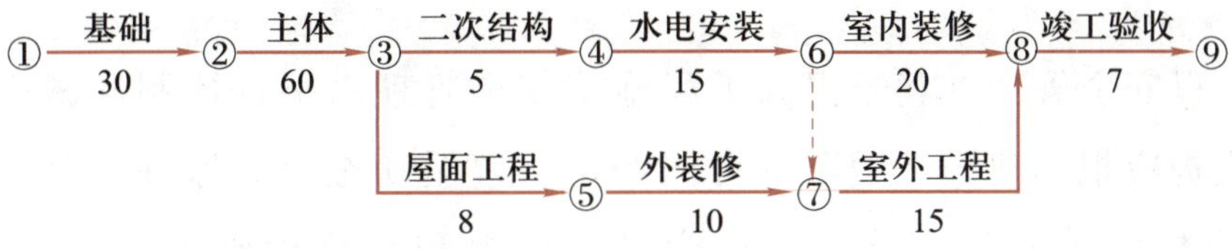


图 4-14 施工总进度计划（单位：天）

监理单位根据进度目标控制的需要对总进度目标进行分解，其中，基础工程进度计划分解如图 4-15 所示，确定 $t_1$ 和 $t_2$ 为控制时间点，对工程进度进行检查，并将检查结果绘制成实际进度前锋线，形成新的进度计划。

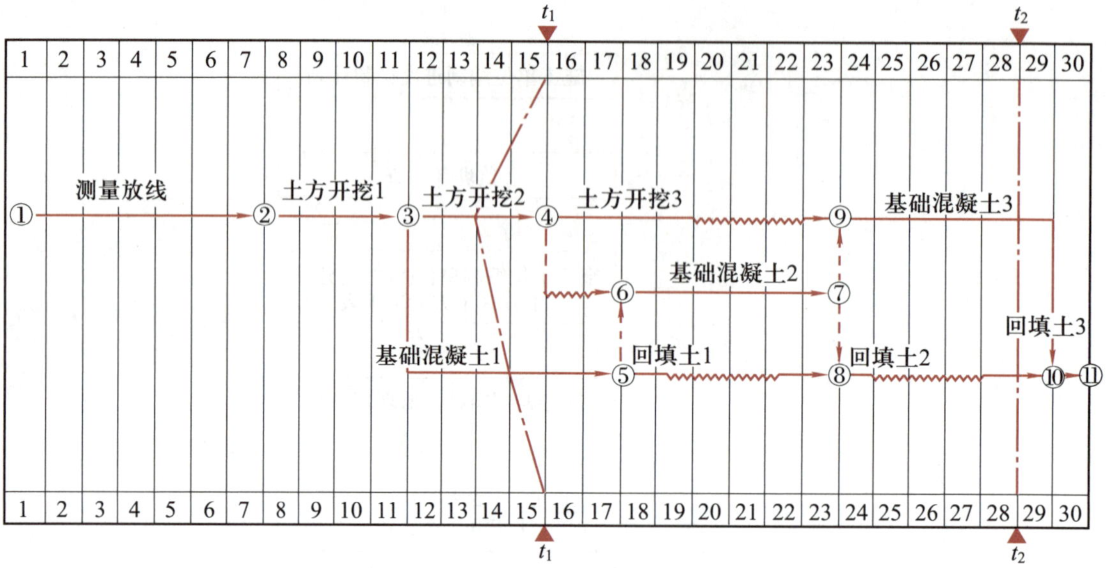


图 4-15　基础工程进度计划分解（单位：天）

**问题：**

以上两个时间点的进度如何？如果进度滞后或超前，该如何处理？

**解析：**

1. 从图上可以看出，$t_1$ 时刻，土方开挖 2 实际进度比计划进度滞后 2 天，该项工程有 2 天的总时差，所以不影响总进度；基础混凝土 1 的实际进度比计划进度滞后 1 天，该项工程是关键线路上的关键工作，因此将影响总工期 1 天。所以为了不影响总工期，必须对基础混凝土 1 采取赶工措施，确保在第 17 天完成。

2. $t_2$ 时刻，实际进度前锋线是一条竖直线，表明实际进度与计划进度同步。

## 4.5 建设工程安全管理

开展建设工程安全管理有利于提高工程施工安全管理水平，控制和减少安全事故的发生。项目监理机构应根据建设工程监理合同约定，遵循动态控制原理，坚持预防为主的原则，制订和实施相应的监理措施，采用旁站、巡视和平行检验等方式对建设工程实施监理。

## 一、建设工程安全管理

### 1. 建设工程安全管理的概念

建设工程安全管理是指建设行政主管部门、建设工程安全监督机构、建筑施工企业及有关单位对建设工程生产过程中的安全进行的计划、组织、指挥、控制、监督等一系列的管理活动。

### 2. 建设工程安全管理的基本方针

建设工程安全管理必须坚持“安全第一，预防为主，综合治理”的基本方针。所有参与工程建设的人员，包括管理者和从业人员以及对工程建设活动进行监督管理的人员都必须牢固树立安全意识，坚持“以人为本”，在生产与安全的关系中，一切以安全为重，安全必须排在首位。

安全与生产是辩证统一的关系，是一个整体。生产必须安全，安全促进生产，不能将两者对立起来。首先，在施工过程中，必须尽一切可能为作业人员创造安全的生产环境和条件，彻底消除生产中的不安全因素，防止伤亡事故的发生，使作业人员在安全的条件下进行生产；其次，安全工作必须紧紧围绕着生产活动进行，不仅要保障作业人员的生命安全，还要促进生产的发展，离开生产，安全工作就无实际意义。

### 3. 建设工程安全管理的基本原则

（1）“管生产必须管安全”原则

“管生产必须管安全”原则是指一切从事生产、经营活动的单位和管理部门都必须管生产的同时要管安全。企业主要负责人是企业安全生产的第一责任人，对安全生产负有主要责任。监理单位的总监理工程师是项目安全监理的第一责任人，对施工现场的安全监理负有重要领导责任。

（2）“三同时”原则

“三同时”原则是指生产性基本建设项目中的劳动安全卫生设施必须符合国家规定的标准，必须与主体工程同时设计、同时施工、同时投入生产和使用，以确保建设项目竣工投产后，符合国家规定的劳动安全卫生标准，保障劳动者在生产过程中的安全与健康。

【案例】▶

2021 年 11 月 11 日，某省应急管理厅执法人员在执法检查中，发现某化工实业有限公司的氯气管道建设项目存在以下情况：

（1）未对建设项目进行安全评价；

（2）未进行安全设施设计并未按照规定报应急管理部门审查。因此对该公司罚款 30 万元。

**解析：**

生产经营单位是建设项目安全设施建设的责任主体。建设项目安全设施必须与主体工程同时设计、同时施工、同时投入生产和使用（简称“三同时”原则）。

（3）“全员安全生产教育培训”原则

“全员安全生产教育培训”是指对企业全体员工进行安全生产法律、法规和安全专业知识以及安全生产技能等方面的教育和培训。全员安全生产教育培训的要求在有关安全生产法规中都有相应的规定。全员安全生产教育培训是提高企业职工安全生产素质的重要手段，是企业安全生产工作的一项重要内容。有关重要岗位的安全管理人员、操作人员都应参加法定的安全资格培训与考核。企业应当将安全生产教育培训工作计划纳入本单位年度工作计划和长期工作计划，所需人员、资金和物资应予保证。

（4）“三不伤害”原则

“三不伤害”原则是指教育广大职工做到不伤害自己、不伤害他人、不被他人伤害。

（5）“四不放过”原则

“四不放过”原则是指发生安全事故后事故原因未查清不放过，责任人员未处理不放过，整改措施未落实不放过，有关人员未受到教育不放过。这是安全生产管理部门处理安全事故的重要原则，“四不放过”原则缺一不可。

**4. 建设工程安全管理的基本制度**

（1）安全生产教育培训制度

① 公司全体员工必须参加定期或不定期的安全生产教育培训。② 新工人入场必须经过三级安全产生教育，即公司一级、工程项目二级、班组三级安全生产教育。公司进行第一级安全生产教育培训，其主要内容为：国家的安全生产方针、政策、法律、法规、规范、标准和企业规章制度。工程项目进行第二级安全生产教育培训，其主要内容为：工地制度、现场环境、工程特点及存在的不安全因素等。班组进行第三级安全生产教育培训，其主要内容为：本工程安全操作规程、劳动纪律、事故教训、岗位制度等。③ 变换工种的职工要进行安全生产教育培训，其主要内容为：工种安全操作规程、作业环境、劳动纪律、技能训练等。④ 特种作业人员（电工、焊工、架子工、机械操作工、起重工、打桩机司机、机动车司机、塔吊司机及指挥、人货两用电梯、司炉工、爆破工及其他从事特殊作业的工人）必须经过专门培训，考核合格，并取得特种作业证，方可上岗。

（2）安全检查制度

《建设工程监理规范》规定，项目监理机构在实施监理过程中，发现工程存在安全隐患时，应签发监理通知单，要求施工单位整改；情况严重时，应签发工程暂停令，并应及时报告建设单位。施工单位拒不整改或不停止施工时，项目监理机构应及时向有关主管部门报送监理报告。

① 安全检查的内容：查人的不安全行为、物的不安全状态、环境的不安全因素、管理缺陷等。② 安全检查的形式：安全检查采取日常安全检查、定期安全检查、不定期安全检查、专业安全检查四种方式。其中，定期安全检查又分为季节性安全检查和节假日安全检查。

（3）安全生产责任制度

① 项目部应建立以项目经理为第一责任人的各级管理人员安全生产责任制度。建筑施工企业应建立健全安全生产管理体系，明确各类岗位人员的安全生产责任。② 建筑施工企业和企业内部职能部门、施工企业和项目部、总包和分包单位、项目部和班组之间均应签订安全生产目标责任书。安全生产目标责任书中必须包含明确的安全生产指标，有针对性的安全保证措施、双方责任及奖惩办法。③ 建筑施工企业、项目部、班组应根据安全生产目标责任书，实行安全生产目标管理，建立安全生产责任考核制度。按照安全生产责任分工，对责任目标和责任人实行考核和奖惩，考核必须有书面记录。企业对项目部考核每半年不少于一次，项目部对班组考核每月不少于一次。④ 建筑工程项目专职安全生产管理人员应实行企业委派制度。施工现场工程项目部的专职安全生产管理人员配备应满足下列要求：房屋建筑工程 10 000 $m^2$ 以下的工程不少于 1 人，10 000~50 000 $m^2$ 的工程不少于 2 人，50 000 $m^2$ 及以上的工程不少于 3 人，且按专业配置专职安全生产管理人员。市政基础设施工程 5 000 万元以下的工程不少于 1 人，5 000 万~1 亿元的工程不少于 2 人，1 亿元及以上的工程不少于 3 人，且按专业配备专职安全生产管理人员。⑤ 施工现场应配备建筑施工安全生产法律、法规、安全技术标准和规范等，工程项目部各工种安全技术操作规程应齐全，主要工种的施工操作岗位，必须张挂相应的安全技术操作规程。⑥ 建筑施工企业对列入建筑施工预算的文明施工与环境保护、临时设施及安全施工等措施项目的费用，应当用于施工安全防护用具及设施的采购和更新、安全施工措施的落实、安全生产条件的改善及文明施工，并建立费用使用台账，不得挪用。

## 二、建设工程安全监理

### 1. 建设工程安全监理的基本概念

《建设工程安全生产管理条例》规定了工程建设参与各方责任主体的安全责任，明确规定了工程监理单位的安全责任，以及工程监理单位和监理工程师应对建设工程安全生产承担的监理责任。《建设工程安全生产管理条例》把安全纳入了监理的范围，将工程监理单位在建设工程安全生产活动中所要承担的安全责任法制化，使安全监理成为工程建设监理的重要组成部分。

建设工程安全监理是指工程监理单位接受建设单位的委托，依据国家相关法律、法规和工程建设强制性标准及合同文件，对工程建设中的人、机、环境及施工全过程进行安全评价、监控和督察，保证建设行为符合国家安全生产法律、法规要求，制止建设行为中的冒险性、盲目性和随意性，有效地把建设工程安全控制在允许的风险范围内，以确保安全性。

**2. 建设工程安全监理的作用**

建设工程监理制度在我国建设领域已推行了三十多年，在建设工程中发挥了重要作用，也取得了显著的效果。而建设工程安全监理推行较晚，其主要作用体现在以下几个方面：

（1）有利于防止或减少安全事故，保障人民群众生命和财产安全。

（2）有利于实现工程造价效益最大化，保证造价目标的实现。

（3）有利于规范工程建设参与各方主体的安全生产行为，提高安全生产责任意识。

（4）有利于促进施工单位保证建设工程安全和使用质量。

（5）有利于提高建设工程安全生产管理水平，形成良好的安全生产保证机制。

**3. 建设工程安全监理的工作内容**

监理单位应当按照法律、法规和工程建设强制性标准及委托监理合同实施监理，对所监理工程的施工安全生产进行监督检查，具体内容包括：

（1）根据国家规定，按照工程建设强制性标准和相关行业监理规范的要求，编制包括安全监理内容的项目监理规划，明确安全监理的范围、内容、工作程序和制度措施，以及人员配备计划和职责等。对中型及以上项目和危险性较大的分部分项工程，监理单位应当编制监理实施细则。

（2）审查施工单位编制的施工组织设计中的安全技术措施和危险性较大的分部分项工程安全专项施工方案是否符合工程建设强制性标准要求。

《建设工程安全生产管理条例》第二十六条规定，施工单位应当在施工组织设计中编制安全技术措施和施工现场临时用电方案，对下列达到一定规模的危险性较大的分部分项工程编制专项施工方案，并附具安全验算结果，经施工单位技术负责人、总监理工程师签字后实施，由专职安全生产管理人员进行现场监督：① 基坑支护与降水工程；② 土方开挖工程；③ 模板工程；④ 起重吊装工程；⑤ 脚手架工程；⑥ 拆除、爆破工程；⑦ 国务院建设行政主管部门或者其他有关部门规定的其他危险性较大的工程。

对所列工程中涉及深基坑、地下暗挖工程、高大模板工程的专项施工方案，施工单位还应当组织专家进行论证、审查。该条规定所称达到一定规模的危险性较大工程的标准，由国务院建设行政主管部门会同国务院其他有关部门制定。

《建筑工程预防坍塌事故若干规定》（建设部建质〔2003〕82 号）第七条规定，施工单位应编制深基坑（槽）、高切坡、桩基和超高、超重、大跨度模板支撑系统等专项施工方案，并组织专家审查。该条规定所称深基坑（槽）是指开挖深度超过 5 m 的基坑（槽），或开挖深度未超过 5 m 但地质情况和周围环境较复杂的基坑（槽）。高切坡是指岩质边坡超过 30 m 或土质边坡超过 15 m 的边坡。超高、超重、大跨度模板支撑系统是指高度超过 8 m、或跨度超过 18 m、或施工总荷载大于 10 kN/m、或集中线荷载大于 15 kN/m 的模板支撑系统。

《危险性较大的分部分项工程安全管理规定》（住建部〔2018〕37 号）称危险性较大的分部分项工程（简称“危大工程”），是指房屋建筑和市政基础设施工程在施工过程中，容易导致人员群死群伤或者造成重大经济损失的分部分项工程。施工单位应当在危大工程施工前组织工程技术人员编制专项施工方案。危大工程实行施工总承包的，专项施工方案应当由施工总承包单位组织编制。危大工程实行分包的，专项施工方案可以由相关专业分包单位组织编制。专项施工方案应当由施工单位技术负责人审核签字、加盖单位公章，并由总监理工程师审查签字、加盖执业印章后方可实施。危大工程实行分包并由分包单位编制专项施工方案的，专项施工方案应当由总承包单位技术负责人及分包单位技术负责人共同审核签字并加盖单位公章。对于超过一定规模的危大工程，施工单位应当组织召开专家论证会对专项施工方案进行论证。实行施工总承包的，由施工总承包单位组织召开专家论证会。专家论证前专项施工方案应当通过施工单位审核和总监理工程师审查。专家应当从地方人民政府住房城乡建设主管部门建立的专家库中选取，符合专业要求且人数不得少于 5 名。与本工程有利害关系的人员不得以专家身份参加专家论证会。专家论证会后，应当形成论证报告，对专项施工方案提出通过、修改后通过或不通过的一致意见。专项施工方案经论证需修改后通过的，施工单位应当根据论证报告修改完善后，重新履行上述审核程序。专项施工方案经论证不通过的，施工单位修改后应当按照上述要求重新组织专家论证。

（3）检查施工单位在工程项目上的安全生产规章制度和安全监管机构的建立、健全及专职安全生产管理人员配备情况，督促施工单位检查各分包单位的安全生产规章制度的建立情况。

（4）审查施工单位资质和安全生产许可证是否合法有效。

（5）审查项目经理和专职安全生产管理人员是否具备合法资格，是否与投标文件相一致。

（6）审核特种作业人员的特种作业操作资格证书是否合法有效。

根据《建筑施工特种作业人员管理规定》，建筑施工特种作业人员包括：① 建筑电工（图 4-16a）；② 建筑架子工；③ 建筑起重信号司索工（图 4-16b）；④ 建筑起重机械司机（图 4-16c）；⑤ 建筑起重机械安装拆卸工；⑥ 高处作业吊篮安装拆卸工（图 4-16d）；⑦ 经省级以上人民政府建设主管部门认定的其他特种作业。

（7）审核施工单位应急救援预案和安全防护措施费用使用计划。

(a) 建筑电工　(b) 建筑起重信号司索工

(c) 建筑起重机械司机　(d) 高处作业吊篮安装拆卸工

图 4-16 建筑施工特种作业人员（部分）

4. 建设工程安全监理的工作程序

（1）监理单位按照《建设工程监理规范》和相关行业监理规范要求，编制含有安全监理内容的监理规划和监理实施细则。

（2）在施工准备阶段，监理单位审查、核验施工单位提交的有关技术文件及资料，并由项目总监理工程师在有关技术文件报审表上签署意见。审查未通过的，安全技术措施及专项施工方案不得实施。

（3）在施工阶段，监理单位应对施工现场安全生产情况进行巡视检查，对发现的各类安全事故隐患，应书面通知施工单位，并督促其立即整改。情况严重的，监理单位应及时下达工程暂停令，要求施工单位停工整改，并同时报告建设单位。安全事故隐患消除后，监理单位应检查整改结果，签署复查或复工意见。施工单位拒不整改或不停工整改的，监理单位应当及时向工程所在地建设主管部门或工程项目的行业主管部门报告，以电话形式报告的，应当有通话记录，并及时补充书面报告。检查、整改、复查、报告等情况应记载在监理日志、监理月报中。

监理单位应核查施工单位提交的施工起重机械、整体提升脚手架、模板等自升式架设设施和安全设施等的验收记录，并由安全监理人员签收备案。

（4）工程竣工后，监理单位应将有关安全生产的技术文件、验收记录、监理规划、监理实施细则、监理月报、监理会议纪要及相关书面通知等按规定立卷归档。

### 三、建设工程监理的主要工作方式

项目监理机构应根据建设工程监理合同约定，采用巡视、平行检验、旁站、见证取样等方式对建设工程实施监理。巡视、平行检验、旁站、见证取样是建设工程监理的主要工作方式。

【案例】

2020年3月31日上午，某工地一名作业人员在一处即将拆除的厂房顶部（离地面约9.0 m高）搬运瓦片时不慎踩到破损处坠落。医院急救人员赶到现场迅速将受伤的工人送往医院，工人最终经抢救无效不幸身亡。

据了解，死者40岁左右，刚来施工现场不久，坠落时头部受伤严重。

**解析：**

1. 该作业人员安全意识薄弱，未系安全带；安全知识缺乏，未有效识别工作周边的安全环境。

2. 施工单位管理不善，在现场彩钢瓦屋面强度和刚度都不足的前提下，现场高处作业无任何安全防护措施，未对作业人员进行安全教育，现场无管理人员监管。

## 4.6 工程建设各单位的安全责任

建设工程安全生产关系到人民群众生命和财产安全，关系到社会的稳定和经济的健康发展。造成建设工程安全事故的原因是多方面的，建设单位、施工单位和监理单位等都是工程建设的主要安全责任主体。

### 一、建设单位的安全责任

（1）建设单位应当向施工单位提供施工现场及毗邻区域内供水、排水、供电、供气、供热、通信、广播电视等地下管线资料，气象和水文观测资料，相邻建筑物和构筑物、地下工程的有关资料，并保证资料的真实性、准确性、完整性。

（2）建设单位不得对勘察、设计、施工、监理等单位提出不符合建设工程安全生产法律、法规和强制性标准规定的要求，不得压缩合同约定的工期。

（3）建设单位在编制工程概算时，应当确定建设工程安全作业环境及安全施工措施所需费用。

（4）建设单位不得明示或者暗示施工单位购买、租赁、使用不符合安全施工要求的安全防护用具、机械设备、施工机具及配件、消防设施和器材。

（5）建设单位在申请领取施工许可证时，应当提供建设工程有关安全施工措施的资料。

（6）依法批准开工报告的建设工程，建设单位应当自开工报告批准之日起15日内，将保证安全施工的措施报送建设工程所在地的县级以上地方人民政府建设行政主管部门或者其他有关部门备案。

（7）建设单位应当将拆除工程发包给具有相应资质等级的施工单位，并应在拆除工程施工前15日，将下列资料报送建设工程所在地的县级以上地方人民政府建设行政主管部门或者其他有关部门备案：①施工单位资质等级证明；②拟拆除建筑物、构筑物及可能危及毗邻建筑的说明；③拆除施工组织方案；④堆放、清除废弃物的措施。

## 二、施工单位的安全责任

（1）施工单位从事建设工程的新建、扩建、改建和拆除等活动，应当具备国家规定的注册资本、专业技术人员、技术装备和安全生产等条件，依法取得相应等级的资质证书，并在其资质等级许可的范围内承揽工程。

（2）施工单位主要负责人依法对本单位的安全生产工作全面负责。施工单位应当建立健全安全生产责任制度和安全生产教育培训制度，制定安全生产规章制度和操作规程，对所承担的建设工程进行定期和专项安全检查，并做好安全检查记录。施工单位要保证本单位安全生产条件所需资金的投入，对于列入建设工程概算的安全作业环境及安全施工措施所需费用，应当说明用于施工安全防护用具及设施的采购和更新、安全施工措施的落实、安全生产条件的改善，不得挪用。

（3）施工单位应当设立安全生产管理机构，配备专职安全生产管理人员。

（4）施工单位应当在施工组织设计中编制安全技术措施和施工现场临时用电方案，对达到一定规模的危险性较大的分部分项工程编制专项施工方案，并附具安全验算结果，经施工单位技术负责人、总监理工程师签字后实施，由专职安全生产管理人员进行现场监督。对涉及深基坑、地下暗挖工程、高大模板工程的专项施工方案，施工单位还应当组织专家进行论证、审查。

（5）施工单位应当在施工现场入口处、施工起重机械、临时用电设施、脚手架、出入通道口、楼梯口、电梯井口、孔洞口、桥梁口、隧道口、基坑边沿、爆破物及有害危险气体和液体存放处等危险部位，设置明显的安全警示标志。安全警示标志必须符合国家标准。

（6）施工单位应当根据不同施工阶段和周围环境及季节、气候的变化，在施工现场采取相应的安全施工措施。施工现场暂时停止施工的，施工单位应当做好现场防护，所需费用由责任方承担或按照合同约定执行。

（7）施工单位应当将施工现场的办公区、生活区与作业区分开设置，并保持安全距离，办公区、生活区的选址应当符合安全性要求。职工的膳食、饮水、休息场所等应当符合卫生标准。

（8）施工单位不得在尚未竣工的建筑物内设置员工集体宿舍。

（9）施工现场临时搭建的建筑物应当符合安全使用要求。施工现场使用的装配式活动房屋应当具有产品合格证。

（10）施工单位对因建设工程施工可能造成损害的毗邻建筑物、构筑物和地下管线等，应当采取专项防护措施。

（11）施工单位应当遵守有关环境保护法律、法规的规定，在施工现场采取措施，防止或者减少粉尘、废气、废水、固体废物、噪声、振动和施工照明等对人和环境的危害和污染。在城市市区内的建设工程，施工单位应当对施工现场实行封闭围挡。

（12）施工单位应当在施工现场建立消防安全责任制度，确定消防安全责任人，制订用火、用电、使用易燃易爆材料等各项消防安全管理制度和操作规程，设置消防通道、消防水源，配备消防设施和灭火器材，并在施工现场入口处设置明显标志。

（13）施工单位应当向作业人员提供安全防护用具和安全防护服装，并书面告知危险岗位的操作规程和违章操作的危害。施工单位采购、租赁的安全防护用具、机械设备、施工机具及配件，应当具有生产（制造）许可证、产品合格证，并在进入施工现场前进行查验。

（14）施工现场的安全防护用具、机械设备、施工机具及配件必须由专人管理，定期进行检查、维修和保养，建立相应的资料档案。

（15）施工单位在使用施工起重机械和整体提升脚手架、模板等自升式架设设施前，应当组织有关单位进行验收，也可以委托具有相应资质的检验检测机构进行验收；使用承租的机械设备和施工机具及配件的，由施工总承包单位、分包单位、出租单位和安装单位共同进行验收，验收合格的方可使用。《特种设备安全监察条例》规定的施工起重机械，在验收前应当经有相应资质的检验检测机构监督检验合格。

（16）施工单位应当自施工起重机械和整体提升脚手架、模板等自升式架设设施验收合格之日起 30 日内，向建设行政主管部门或者其他有关部门登记。登记标志应当置于或附着于该设备的显著位置。

（17）施工单位的主要负责人、项目负责人、专职安全生产管理人员应当经建设行政主管部门或其他有关部门考核合格后方可任职。

（18）施工单位应当为施工现场从事危险作业的人员办理意外伤害保险。意外伤害保险费由施工单位支付。实行施工总承包的，由总承包单位支付意外伤害保险费。意外伤害保险期限自建设工程开工之日起至竣工验收合格止。

（19）施工单位应当制订本单位生产安全事故应急救援预案，建立应急救援组织或配备应急救援人员，配备必要的应急救援器材、设备，并定期组织操练。

（20）施工单位应当根据建设工程的特点、范围，对施工现场易发生重大事故的部位、环节进行监控，制订施工现场生产安全事故应急救援预案，工程总承包单位和分包单位按照应急救援预案，各自建立应急救援组织或配备应急救援人员，配备救援器材、设备，并定期组织操练。

（21）实行施工总承包的建设工程，由总承包单位对施工现场的安全生产负总责。总承包单位的安全责任是：① 总承包单位应当自行完成建设工程主体结构的施工。② 总承包单位依法将建设工程分包给其他单位的，分包合同中应当明确各自的安全生产的权利、义务。总承包单位和分包单位对分包工程的安全生产承担连带责任。③ 建设工程实行总承包的，如发生事故，由总承包单位负责上报事故。④ 分包单位应当服从总承包单位的安全生产管理，分包单位不服从管理导致生产安全事故的，由分包单位承担主要责任。

## 三、监理单位的安全责任

（1）监理单位和监理工程师应当按照法律、法规和工程建设强制性标准实施监理，并对建设工程安全生产承担监理责任。

（2）监理单位应当审查施工组织设计中的安全技术措施或专项施工方案是否符合工程建设强制性标准。

（3）监理单位在实施监理过程中，发现存在安全隐患的，应当要求施工单位整改；情况严重的，应当要求施工单位暂时停止施工，并及时报告建设单位。施工单位拒不整改或不停止施工的，工程监理单位应当及时向有关主管部门报告。

（4）监理单位应对施工组织设计中的安全技术措施或专项施工方案进行审查，未进行审查的，监理单位应承担规定的法律责任。施工组织设计中的安全技术措施或专项施工方案未经监理单位审查签字认可，施工单位擅自施工的，监理单位应及时下达工程暂停令，并将情况及时书面报告建设单位。监理单位未及时下达工程暂停令并报告的，应承担规定的法律责任。

（5）监理单位在监理巡视检查过程中，发现存在安全隐患的，应按照有关规定及时下达书面指令要求施工单位进行整改或停止施工。监理单位发现安全隐患没有及时下达书面指令要求施工单位进行整改或停止施工的，应承担规定的法律责任。

（6）施工单位拒绝按照监理单位的要求进行整改或停止施工的，监理单位应及时将情况向当地建设主管部门或工程项目的行业主管部门报告。监理单位没有及时报告的，应承担规定的法律责任。

（7）健全监理单位安全监理责任制度。监理单位法定代表人应对本企业监理工程项目的安全监理全面负责。总监理工程师要对工程项目的安全监理负责，并根据工程项目特点，明确监理人员的安全监理职责。

（8）完善监理单位安全生产管理制度。监理单位应在健全审查核验制度、检查验收制度和督促整改制度的基础上，完善工地例会制度及资料归档制度。定期召开工地例会，针对薄弱环节，提出整改意见，并督促落实。指定专人负责监理内业资料的整理、分类及立卷归档。

（9）建立监理人员安全生产教育培训制度。监理单位的总监理工程师和安全监理人员需经安全生产教育培训后方可上岗，其教育培训情况记入个人继续教育档案。建设主管部门和有关主管部门应当加强建设工程安全生产管理工作的监督检查，督促监理单位落实安全生产监理责任，对监理单位实施安全监理给予支持和指导，共同督促施工单位加强安全生产管理，防止安全事故的发生。

【案例】

2019 年 1 月 23 日 9 时 15 分，湖南省岳阳市某在建工程项目 10 号楼塔式起重机在进行拆卸作业时发生一起坍塌事故，造成 5 人死亡，直接经济损失 580 余万元。事故发生的原因是塔式起重机拆卸人员严重违规作业，引起横梁销轴从西北侧端踏步圆弧槽内滑脱，造成塔式起重机上部荷载由顶升横梁一端承重而失稳，引发坍塌事故。

**解析：**

1. 该工程事故主要教训：① 企业安全生产主体责任未落实，对施工项目监管不到位。② 地方属地管理责任落实不到位。③ 行业监管部门监督检查不到位。

2. 该工程事故处理情况：① 给予事故责任单位吊销营业执照；② 企业严重不良行为记录、纳入联合惩戒黑名单；③ 罚款、降低资质、暂扣安全生产许可证等处理；④ 对 26 名有关责任人依法依规追究责任。

## 4.7 建设工程安全隐患和安全事故的处理

建设工程安全生产管理的主要目的是及时发现安全隐患，及时纠正和整改，防止事故的发生。对已发生的事故，要及时处理、分析，避免同类和类似的事故再次发生。监理单位在实施监理过程中，发现存在安全隐患的，应当要求施工单位整改。情况严重的，应当要求施工单位暂停施工，并及时报告建设单位。施工单位拒不整改或者不停止施工的，监理单位应当及时向有关主管部门报告。

## 一、安全隐患及其处理

安全隐患是指未被事先识别或未采取必要防护措施的可能导致安全事故的危险源或不利环境因素，包括可导致事故发生的物的危险状态、人的不安全行为及管理上的缺陷，如图 4-17 所示。

外架上未固定的探头板

无防护的电梯井

(a) 物的危险状态

无防护措施作业

未按规定使用安全带

(b) 人的不安全行为及管理上的缺陷

图 4-17　常见的安全隐患

建筑施工的特点决定建筑业是高危险、事故多发行业，形成安全隐患的原因有多个方面，包括施工单位的违章作业、设计不合理和缺陷、勘察文件失真、使用不合格的安全防护装备、安全生产资金投入不足、安全事故的应急救援制度不健全、违法违规行为等。

### 1. 安全隐患原因分析的方法

影响建设工程安全的因素众多，一个建设工程安全隐患的发生，可能是由某一种或是多种原因所致，要分析确定是哪种原因引起的，必然要对安全隐患的特征、表现，以及其在施工中所处的实际情况和条件进行具体分析。安全隐患原因分析的基本步骤如下：

（1）现场调查研究，观察记录，必要时留下影像资料。充分了解与掌握引发安全隐患的现象和特征，以及施工现场的环境和条件等。

（2）搜集、调查与安全隐患有关的全部设计资料、施工资料。

（3）指出可能发生安全隐患的所有因素。

（4）分析、比较可能发生安全隐患的所有因素，找出最可能造成安全隐患的原因。

（5）进行必要的方案计算分析。

（6）必要时征求相关专家的意见。

### 2. 安全隐患的处理方式

（1）停止使用，封存。

（2）指定专人进行整改以达到要求。

（3）进行返工以达到要求。

（4）对有不安全行为的人进行教育或处罚。

（5）对不安全生产的过程重新组织。

### 3. 安全隐患的处理程序

监理工程师在监理过程中，对发现的施工安全隐患应按照一定的程序进行处理，如图 4-18 所示，保证工程生产顺利进行。

（1）当发现工程施工安全隐患时，监理工程师首先应判断其严重程度。当存在一般性安全隐患时，应签发监理工程师通知单，要求施工单位进行整改。施工单位提出整改方案，报监理工程师。监理工程师审核后，批复施工单位进行整改处理，必要时应经设计单位认可，处理结果应重新进行检查、验收。

（2）当发现严重安全隐患时，总监理工程师应签发工程暂停令，指令施工单位暂时停止施工，必要时应要求施工单位采取安全防护措施，并报建设单位。监理工程师应要求施工单位提出整改方案，必要时应经设计单位认可，整改方案经监理工程师审核后，施工单位进行整改处理，处理结果应重新进行检查、验收。

（3）施工单位接到监理通知单后，应立即进行安全隐患调查，分析原因，制订纠正、预防措施和整改方案，并报总监理工程师。安全隐患整改方案内容包括：① 存在安全隐患的部位、性质、现状、发展变化、时间、地点等详细情况；② 现场调查的有关数据和资料；③ 安全隐患原因分析与判断；④ 安全隐患处理的方案；⑤ 是否需要采取临时防护措施；⑥ 确定安全隐患整改责任人、整改完成时间和整改验收人；⑦ 涉及的有关人员和责任及预防该安全隐患重复出现的措施等。

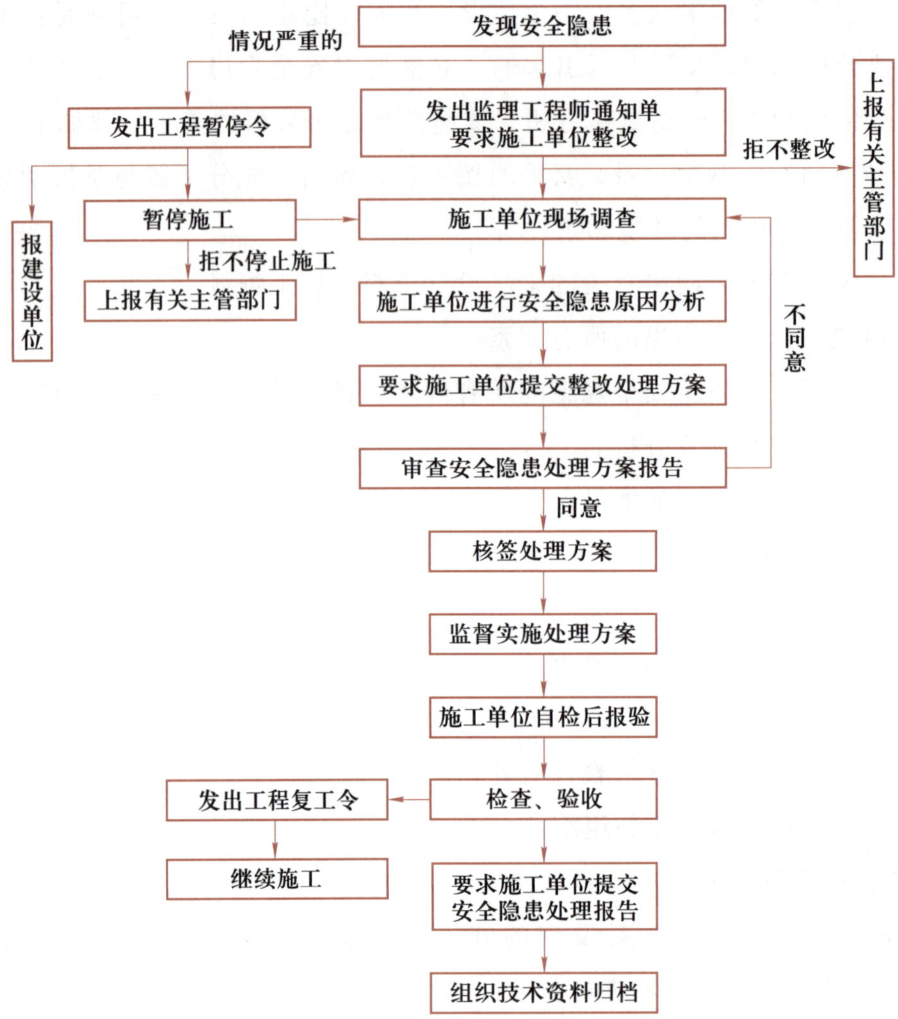


图 4-18 建设工程安全隐患处理程序

（4）监理工程师分析安全隐患整改方案。监理工程师对整改方案进行认真深入的分析，特别是安全隐患原因分析，找出安全隐患的真正起源。必要时，可组织设计单位、施工单位、供应单位和建设单位共同参加分析。

（5）监理工程师在原因分析的基础上，审核签认安全隐患整改方案。

（6）总监理工程师应安排监理人员对施工单位的整改实施过程进行跟踪检查。

（7）安全隐患整改结束，施工单位应组织人员检查验收，自检合格后报监理工程师核验，监理工程师组织有关人员对整改的结果进行严格的检查、验收，如图 4-19 所示。施工单位写出安全隐患整改报告，报监理单位存档，主要内容包括：① 整改实施过程描述；② 调查和核查情况；③ 安全隐患原因分析结果；④ 处理的依据；⑤ 审核签认的安全隐患整改方案；⑥ 整改实施中的有关原始数据、验收记录、资料；⑦ 对整改结果的检查、验收结论；⑧ 安全隐患整改结论。

(a) 整改前

(b) 整改后

图 4-19 安全隐患整改前后对比

## 二、安全事故及其处理

### 1. 安全事故的概念

安全事故是指由不安全的行为、动作或不安全的状态所引起的，突然发生的，与人的意志相反，事先未能预料到的意外事件，它可能造成财产损失、生产中断、人员伤亡。

### 2. 安全事故的分类

在建设工程施工中，主要有高处坠落、触电、物体打击、机械伤害、坍塌五大类常见事故，在安全施工中尤其要注意防范以上五类事故的发生。安全事故可按伤亡与损失程度等进行等级分类，见表 4-4。

表 4-4 安全事故等级分类

| 事故类型 | 死亡人数 | 重伤人数 | 直接经济损失 |
|---|---|---|---|
| 一般事故 | 3 人以下 | 10 人以下 | 1 000 万元以下 |
| 较大事故 | 3 人以上 10 人以下 | 10 人以上 50 人以下 | 1 000 万元以上 5 000 万元以下 |
| 重大事故 | 10 人以上 30 人以下 | 50 人以上 100 人以下 | 5 000 万元以上 1 亿元以下 |
| 特别重大事故 | 30 人以上 | 100 人以上 | 1 亿元以上 |

国务院安全生产监督管理部门会同国务院其他有关部门，制定了事故等级划分的补充性规定。

### 3. 安全事故的报告程序

一旦发生安全事故，应及时报告有关部门，为及时组织抢救赢得宝贵时间，也为进行调查、分清责任提供详实的资料。因此，施工单位在发生安全事故时，不能隐瞒事故情况，监理工程师应按照各级政府行政主管部门的要求及时督促施工单位上报。事故报告应当及时、准确、完整，任何单位和个人不得对事故迟报、漏报、谎报或者瞒报。

（1）事故发生后，事故现场有关人员应当立即向本单位负责人报告；单位负责人接到报告后，应当于1小时内向事故发生地、县级以上人民政府安全生产监督管理部门和负有安全生产监督管理职责的有关部门报告。

情况紧急时，事故现场有关人员可以直接向事故发生地、县级以上人民政府安全生产监督管理部门和负有安全生产监督管理职责的有关部门报告。

（2）安全生产监督管理部门和负有安全生产监督管理职责的有关部门接到事故报告后，应当依照下列规定上报事故情况，并通知公安机关、劳动保障行政部门、工会和人民检察院。① 特别重大事故、重大事故逐级上报至国务院安全生产监督管理部门和负有安全生产监督管理职责的有关部门；② 较大事故逐级上报至省、自治区、直辖市人民政府安全生产监督管理部门和负有安全生产监督管理职责的有关部门；③ 一般事故上报至设区的市级人民政府安全生产监督管理部门和负有安全生产监督管理职责的有关部门。

安全生产监督管理部门和负有安全生产监督管理职责的有关部门依照上述规定上报事故情况，应当同时报告本级人民政府。国务院安全生产监督管理部门和负有安全生产监督管理职责的有关部门以及省级人民政府接到发生特别重大事故、重大事故的报告后，应当立即报告国务院。

必要时，安全生产监督管理部门和负有安全生产监督管理职责的有关部门可以越级上报事故情况。

（3）安全生产监督管理部门和负有安全生产监督管理职责的有关部门逐级上报事故情况，每级上报的时间不得超过2小时。

（4）事故报告后出现新情况的，应当及时补报。

自事故发生之日起30日内，事故造成的伤亡人数发生变化的，应当及时补报。道路交通事故、火灾事故自发生之日起7日内，事故造成的伤亡人数发生变化的，应当及时补报。

**4. 安全事故的调查和处理**

（1）安全事故的调查

事故调查的目的主要是为了弄清事故的情况，从思想、管理和技术等方面查明事故原因，分清事故责任，提出有效改进措施，从中吸取教训，防止类似事故重复发生。建设工程安全事故的处理必须坚持“事故原因未查清不放过，责任人员未处理不放过，整改措施未落实不放过，有关人员未受到教育不放过”的“四不放过”原则。特别重大事故由国务院或者国务院授权有关部门组织事故调查组进行调查。重大事故、较大事故、一般事故分别由事故发生地省级人民政府、设区的市级人民政府、县级人民政府负责调查。省级人民政府、设区的市级人民政府、县级人民政府可以直接组织事故调查组进行调查，也可以授权或者委托有关部门组织事故调查组进行调查。未造成人员伤亡的一般事故，县级人民政府也可以委托事故发生单位组织事故调查组进行调查。上级人民政府认为必要时，可以调查由下级人民政府负责调查的事故。

自事故发生之日起30日内（道路交通事故、火灾事故自发生之日起7日内），因事故伤亡人数变化导致事故等级发生变化，依照相关规定应当由上级人民政府负责调查的，上级人民政府可以另行组织事故调查组进行调查。事故调查组的组成应当遵循精简、效能的原则。根据事故的具体情况，事故调查组由有关人民政府、安全生产监督管理部门、负有安全生产监督管理职责的有关部门、监察机关、公安机关以及工会派人组成，并应当邀请人民检察院派人参加。事故调查组可以聘请有关专家参与调查。事故调查组组长由负责事故调查的人民政府指定。事故调查组组长主持事故调查组的工作。事故调查组应履行下列职责：① 查明事故发生的经过、原因、人员伤亡情况及直接经济损失情况；② 认定事故的性质和事故责任；③ 提出对事故责任者的处理建议；④ 总结事故教训，提出防范和整改措施；⑤ 提交事故调查报告。

事故调查程序：① 伤员抢救与现场保护；② 搜集有关资料及证明材料；③ 事故分析原因；④ 事故责任分析；⑤ 写出事故调查报告。

调查组在完成上述工作后，应就所调查的内容写出书面的事故调查报告。事故调查报告应当包括下列内容：① 事故发生单位概况；② 事故发生经过和事故救援情况；③ 事故造成的人员伤亡情况和直接经济损失情况；④ 事故发生的原因和事故性质；⑤ 事故责任的认定以及对事故责任者的处理建议；⑥ 事故防范和整改措施。

事故调查报告应当附具有关证据材料。事故调查组成员应当在事故调查报告上签名。

事故调查报告报送负责事故调查的人民政府后，事故调查工作即告结束。事故调查的有关资料应当归档保存。

（2）安全事故的处理

建设工程安全事故发生后，项目监理机构一般按以下程序进行处理，如图4-20所示。

① 建设工程安全事故发生后，总监理工程师应签发工程暂停令，并要求施工单位必须立即停止施工。施工单位应立即抢救伤员、排除险情，采取必要的措施防止事故扩大，并做好标识，保护好现场。同时，要求发生安全事故的施工总承包单位迅速按安全事故类别和等级向相应的政府主管部门上报，并及时写出书面报告。② 监理工程师在事故调查组展开工作后，应积极协助，客观地提供相应证据。若监理方无责任，监理工程师可应邀参加调查组，参与事故调查；若监理方有责任，则应予以回避，但应配合调查组工作。③ 监理工程师接到安全事故调查组提出的处理意见涉及技术处理时，可组织相关单位研究，并要求相关单位制订技术处理方案。技术处理方案必须依据充分，应在安全事故的部位、原因全部查清的基础

上制订，必要时，应征求设计单位意见，组织专家进行论证，以保证技术处理方案可靠、可行，保证施工安全。④技术处理方案核签后，监理工程师应要求施工单位制订详细的施工方案，必要时，监理工程师应编制监理实施细则，对工程安全事故技术处理的施工过程进行重点监控，对于关键部位和关键工序应派专人进行监控。⑤施工单位完工自检后，监理工程师应组织相关各方进行检查验收，必要时进行处理结果鉴定。监理工程师应要求事故单位整理、编写安全事故处理报告，审核签认并进行资料归档。⑥总监理工程师签发工程复工令，恢复正常施工。

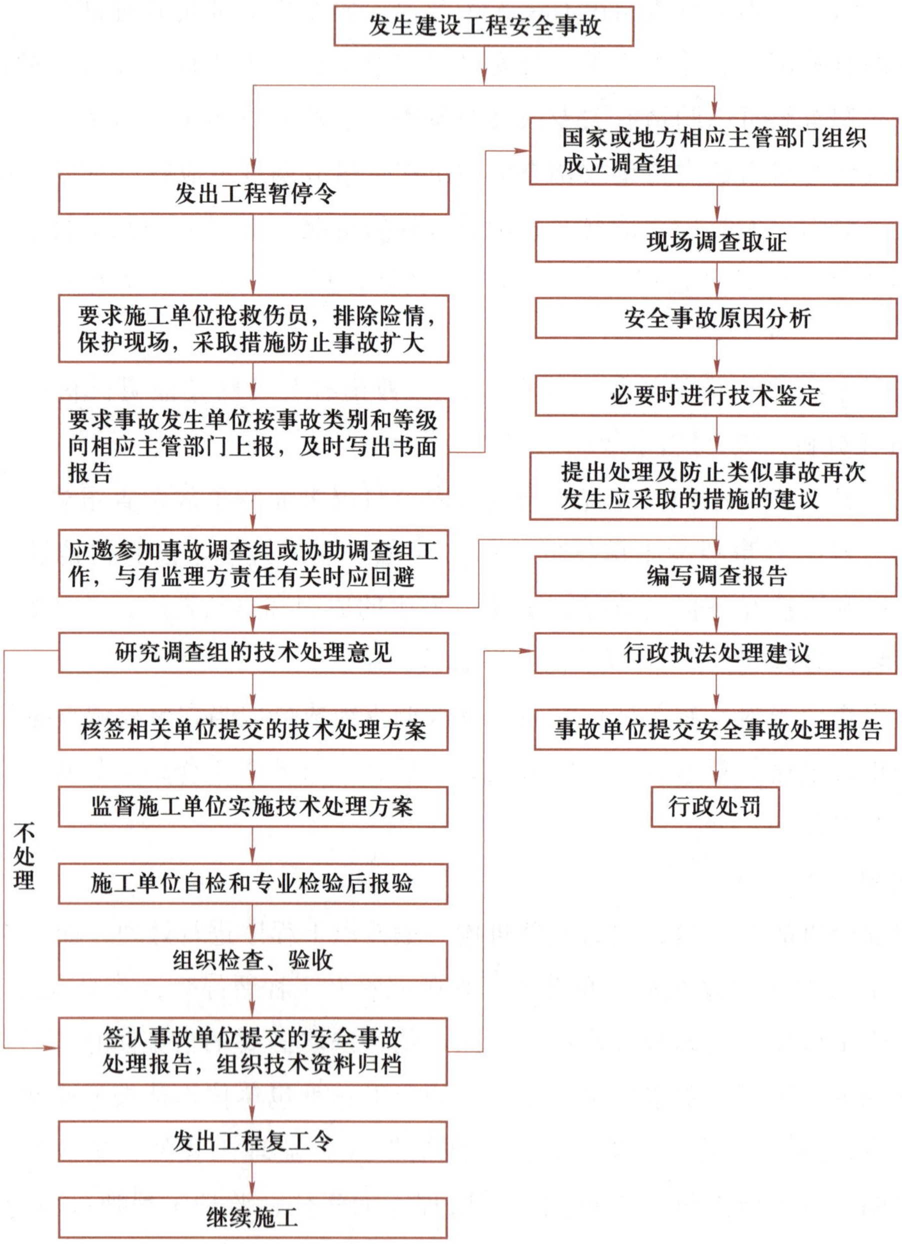


图4-20 建设工程安全事故处理程序

**【案例】**

某公司办公楼工程为3层（局部4层）框架结构，建筑面积10 000 $m^2$，由某建筑公司承接后，转包给私人包工头（挂靠该建筑公司、使用该公司资质）自行组织施工。该工程中厅屋盖采用钢筋混凝土结构，长36 m，宽20 m，高15 m。模板支架采用木杆，木杆直径为30～60 mm，立杆间距为0.7～0.8 m，步距为1.7～1.9 m。该工程于2018年5月20日下午开始浇筑混凝土，由于模板支架木杆过细，又缺少水平拉结和剪刀撑，造成架体承载力不够。当连续作业到21日凌晨时，突然发生屋顶梁板整体坍塌，造成3人死亡、1人重伤的安全事故。

**问题：**

1. 这起事故属于哪一级安全事故？属于这一级安全事故还可能包括哪些情况？

2. 这起事故发生的主要原因是什么？

3. 请简要分析这起事故的性质，谁应对这起事故负直接责任？

4. 请指出建筑公司主要负责人是否要对这起事故负主要领导责任，建筑公司是否要负连带责任？依据是什么？

**解析：**

1. 这起事故属于较大事故。《生产安全事故报告和调查处理条例》规定：较大事故，是指造成3人以上10人以下死亡，或者10人以上50人以下重伤，或者1 000万元以上5 000万元以下直接经济损失的事故。

2. 这起事故发生的主要原因有：① 施工队伍无相应资质，违规承揽工程；② 模板工程施工前没有编制专项施工方案，施工中所使用的模板支架材质不符合要求，杆件间距过大，缺少水平拉结和剪刀撑，不能承载施工荷载和材料自重，最终导致失稳坍塌；③ 施工现场管理混乱，违章施工。

3. 这是一起因违法转包、违章施工而导致的重大责任事故。直接责任者是从建筑公司转包该工程的私人包工头。

4. 建筑公司主要负责人应对这起事故负主要领导责任。因为该建筑公司违反了《中华人民共和国建筑法》关于禁止建筑施工企业以任何形式允许其他单位或个人使用本企业的资质证书、营业执照，以本企业的名义承揽工程的规定。并且，在施工期间该建筑公司也未派人参与施工管理，作为建筑公司主要负责人应对这起事故负主要领导责任，建筑公司应对这起事故负连带责任。

## 单元练习

一、选择题

1. 关于项目目标动态控制的说法，错误的是（　　）。

A. 动态控制首选应将目标分解，制订目标控制的计划值

B. 当目标的计划值和实际值发生偏差时应进行纠偏

C. 在项目实施过程中对项目目标进行动态跟踪和控制

D. 目标的计划值在任何情况下都应保持不变

2. 项目目标动态控制过程中，属于事前控制内容的有（　　）。

A. 分析可能导致项目目标偏离的各种影响因素

B. 定期进行目标计划值和实际值的比较

C. 针对可能导致目标偏离的影响因素采取预防措施

D. 发现目标偏离时采取纠偏措施

E. 分析目标偏离产生的原因和影响

3. 当项目目标控制出现偏差的时候，首先应当分析（　　）方面的原因。

A. 技术　　B. 经济　　C. 管理　　D. 组织

4. 主动控制是（　　）。

A. 开环控制　　B. 事前控制　　C. 面对现实的控制　　D. 闭环控制

E. 事后控制

5. 建设工程的三大目标是（　　）。

A. 造价目标　　B. 安全目标　　C. 进度目标　　D. 质量目标

E. 管理目标

6. “三级安全教育”不包括（　　）教育。

A. 公司　　B. 项目　　C. 学校　　D. 班组

7. 某安全事故死亡10人，属于（　　）。

A. 一般事故　　B. 较大事故　　C. 重大事故　　D. 特别重大事故

8. 企业负责人接到事故报告以后，（　　）小时内必须向事故发生地县级以上人民政府安全生产监督管理部门和负有安全生产监督管理职责的有关部门报告。

A. 1　　B. 2　　C. 3　　D. 4

9. 安全专项施工方案由（　　）负责审批实施。

A. 项目经理　　B. 施工单位技术负责人

C. 建设局　　D. 总监理工程师

10. (　　) 由国务院或者国务院授权有关部门组织事故调查组进行调查。

A. 一般事故　　B. 较大事故　　C. 重大事故　　D. 特别重大事故

二、简答题

1. 什么是工程变更?

2. 什么是目标控制?

3. “四不放过”原则是什么?

4. 安全管理要遵循哪些基本的制度?

5. 安全事故的调查程序是什么?

三、案例题

某工程项目建设单位与施工单位按建设工程施工合同文本对某项工程建设项目签订了工程施工合同,工程未进行投保。在工程施工过程中,遭受20年不遇的暴风雨袭击,造成了相应的损失,施工单位及时向监理工程师提出索赔要求,并附索赔有关的资料和证据。

索赔报告的基本要求如下:

1. 暴风雨给已施工完成的部分工程造成破坏,造成损失16万元人民币,应由建设单位承担修复的经济责任,施工单位不承担修复的经济责任。

2. 施工单位人员因此灾害造成数人受伤,处理伤病医疗费用和补偿金总计3万元人民币,建设单位应给予赔偿。

3. 施工单位进场的在使用的机械、设备受到损坏,造成损失7万元人民币,由于现场停工造成台班费损失3.8万元人民币,建设单位应承担赔偿和修复的经济责任。工人窝工费3.2万元人民币,建设单位应予支付。

4. 因暴风雨造成现场停工8天,要求合同工期顺延8天。

问题:

1. 监理工程师接到施工单位提交的索赔申请后,应进行哪些工作?

2. 由于不可抗力因素发生的风险,其承担的原则是什么?对施工单位提出的要求,建设单位应如何处理?

# 单元5 建设工程合同与信息管理

## 学习目标

1. 掌握合同的定义。
2. 熟悉监理合同条款的组成结构。
3. 熟悉建设工程信息管理的基本知识。
4. 能结合工程实际，协助进行建设工程合同管理。
5. 树立法治、标准和规范意识。
6. 养成诚实守信的职业精神。

## 导读

### 以新时代社会主义法治思想保护企业合法权益

2019年12月8日，甲公司与乙公司签订了窑炉技改方案合同，双方约定维修改造费用报价为75万元，完工时间为2020年3月5日。甲公司于2019年12月31日将225 000元定金通过银行转账直接转到乙公司法定代表人账户。合同履行期间，因突发新型冠状病毒感染疫情，导致乙公司无法到甲公司履行合同义务，甲乙双方联系协商解除合同和返还定金事宜，未能达成一致意见。

2020年3月8日，甲公司以书面形式向乙公司发出解除合同通知书，以新型冠状病毒感染属不可抗力为由解除合同，并要求返还定金。乙公司表明已用部分定金支付了工人工资，目前无多余资金偿还。见乙公司无意返还定金，甲公司起诉至法院，要求乙公司返还定金并给付利息。最终在法院调解下，乙公司承诺借钱返还定金，甲公司放弃主张利息，双方签订了调解协议，除了退还定金外，其他双方互不追究。

根据《中华人民共和国民法典》第五百三十三条，合同成立后，合同的基础条件发生了当事人在订立合同时无法预见的、不属于商业风险的重大变化，继续履行合同对于当事人一方明显不公平的，受不利影响的当事人可以与对方重新协商；在合理期限内协商不成的，当事人可以请求人民法院或者仲裁机构变更或者解除合同。

人民法院或者仲裁机构应当结合案件的实际情况，根据公平原则变更或者解除合同。

建设工程合同与信息管理是监理单位的常态化工作。

合同管理是对与本工程建设项目有关的各类工程合同，从合同的拟订、协商、签署、执行情况的检查和分析等环节进行的科学管理工作，以及通过合同管理实现工程项目的控制目标，维护订立合同双方的合法权益。

信息管理即工程信息资料管理，贯穿建设工程全过程，衔接工程建设各阶段、各相关单位和各个方面。监理机构的信息管理工作是从信息资料的搜集、传递、加工、整理、检索、分发、存储、归档等环节入手，对工程信息和工程资料实施标准化、科学化的管理，为工程质量、进度、造价和安全、文明施工控制提供及时、有效的依据。

# 5.1 建设工程合同管理

## 一、合同的概念

合同是平等主体的自然人、法人、其他组织之间设立、变更、终止民事权利、义务关系的协议。各国的合同法规范的都是债权合同，它是市场经济条件下规范财产流转关系的基本依据。

在市场经济中，财产的流转主要依靠合同进行规范。特别是工程项目，其标的大、履行时间长、协调关系多，合同尤为重要。因此，建筑市场中的各方主体，包括建设单位，勘察设计单位，施工单位，咨询单位，监理单位，材料、设备供应单位等都要依靠合同确立相互之间的关系。

合同作为一种协议，其本质是一种合意，必须是两个以上意思表示一致的民事法律行为。因此，合同的缔结必须由双方当事人协商一致才能成立。合同当事人做出的意思表示必须合法，这样合同才能具有法律约束力。

合同中所确立的权利、义务，必须是当事人依法可以享有的权利和能够承担的义务，这是合同具有法律效力的前提。

## 二、合同的订立、变更、解除

### 1. 合同订立的原则

根据 2021 年 1 月 1 日实施的《中华人民共和国民法典》（以下简称《民法典》）总则规

定，缔约当事人在订立合同的过程中应当遵守六个原则，即平等原则、自愿原则、公平原则、诚信原则、守法与公序良俗原则、绿色原则。

（1）平等原则

根据《民法典》第四条“民事主体在民事活动中的法律地位一律平等”的规定，平等原则是指签订合同的双方（合同当事人）其法律地位是平等的，双方基于自身的真实意愿表达，充分协商之后，订立合同。这一原则包括三方面内容：① 合同双方当事人的法律地位一律平等。不论所有制性质，也不论单位的大小和经济实力的强弱，其地位都是平等的。② 合同中双方的权利、义务对等。合同中双方都应有可以行使的权利以及必须履行的义务，不可能一方只有权利没有义务，或者说一方只有义务没有权利。同时，需要注意的是不可平调或无偿获取，不可侵犯他人权益。③ 合同双方基于自身的真实意愿表达，充分协商，取得一致后，合同方能成立。任何一方不可以强制另一方接受自己的意愿，更不可以采取逼迫、胁迫等手段签订合同。

（2）自愿原则

根据《民法典》第五条“民事主体从事民事活动，应当遵循自愿原则，按照自己的意思设立、变更、终止民事法律关系”的规定，民事活动除法律强制性的规定外，由当事人自愿约定。这一原则包括六方面内容：① 订不订立合同自愿；② 与谁订立合同自愿；③ 合同内容必须是当事人真实意愿的表达（违法内容除外）；④ 当事人可以协商补充、变更有关内容；⑤ 双方也可以协商解除合同；⑥ 可以自由约定违约责任，在发生争议时，当事人可以自愿选择解决争议的方式。

（3）公平原则

根据《民法典》第六条“民事主体从事民事活动，应当遵循公平原则，合理确定各方的权利和义务”的规定，公平原则要求合同双方当事人之间的权利、义务要公平合理。这一原则包括三方面内容：① 在订立合同时，要根据公平原则确定双方的权利和义务；② 根据公平原则确定风险的合理分配；③ 根据公平原则确定违约责任。

（4）诚信原则

根据《民法典》第七条“民事主体从事民事活动，应当遵循诚信原则，秉持诚实，恪守承诺”的规定，诚信原则要求当事人在合同的订立的全过程中，双方都应当讲诚实，守信用，不得存在欺诈和隐瞒等其他违背诚实信用的行为。比如，在医疗保险中，我们常见的保险公司会对保险人与被保险人说明保险的条款，保险的理赔流程，以及争议处理等。同样保险人与被保险人对于自身情况也应当一并反馈给保险公司，不得隐瞒。

（5）守法与公序良俗原则

根据《民法典》第八条“民事主体从事民事活动，不得违反法律，不得违背公序良俗”的规定，订立、履行合同过程中，不得与国家法律、行政法规相冲突，不得与社会公德相违背，同时不得对社会经济的秩序进行破坏，损害公众利益。因此，合同订立、履行不得产生与国家法律、法规相冲突的部分，不得违背社会的公序良俗，同时不得损害他人及公众的利益，扰乱社会经济的秩序。

（6）绿色原则

《民法典》第九条规定："民事主体从事民事活动，应当有利于节约资源、保护生态环境。"绿色原则体现了党的十八大以来的新发展理念，把"人与自然和谐共生"纳入新时代坚持和发展中国特色社会主义的基本方略。绿色原则主要表现在，民事主体在各类民事活动中应履行节约资源、保护生态环境的义务。不动产权利人弃置废物、排放污染物不得违反国家规定的要求。建造建筑物不得违反通风、采光和日照相关标准。在建筑施工中采用绿色施工技术，减少光污染、水污染等，做好环境保护，实现"四节一环保"（节能、节地、节水、节材和环境保护）。

**2. 违反原则的法律后果**

（1）当事人违反平等原则。在缔约过程中一方以欺诈、胁迫的手段或者乘人之危，使对方在违背真实意愿的情况下订立的合同，根据《民法典》第一百四十八条规定，受欺诈方有权请求人民法院或者仲裁机构予以撤销。

（2）当事人违反自愿原则。一方或者第三人以欺诈、胁迫的手段使对方在违背真实意愿的情况下订立的合同，根据《民法典》第一百五十条规定，受胁迫方有权请求人民法院或者仲裁机构予以撤销。

（3）当事人违反公平原则。一方利用对方处于危困状态、缺乏判断能力等情形，致使民事法律行为成立时显失公平的，根据《民法典》第一百五十一条规定，受损害方有权请求人民法院或者仲裁机构予以撤销。

（4）当事人违反诚信原则。在缔约过程中一方当事人故意告知对方虚假情况或者故意隐瞒真实情况，致使对方当事人对合同性质，标的物的品种、质量、规格和数量等重要内容产生"重大误解"而签订合同的，根据《民法典》第一百四十九条规定，受欺诈方有权请求人民法院或者仲裁机构予以撤销。

（5）当事人违反守法与公序良俗原则。违反法律、行政法规的强制性规定或者损害社会公共利益的，根据《民法典》第一百五十三条规定，违背公序良俗的民事法律行为无效。

**3. 合同变更**

合同变更有广义与狭义之分。广义的合同变更，包括合同内容的变更与合同主体的变更。前者是指当事人不变，合同的权利、义务予以改变的现象。后者是指合同关系保持同一性，仅改换债权人或债务人的现象。不论是改换债权人，还是改换债务人，都发生合同权利、义务的转移，转移给新的债权人或者债务人。因此，合同主体的变更实际上是合同权利、义务的转让。合同变更须具备以下条件：

（1）原已存在有效的合同关系。合同变更是在原合同的基础上，通过当事人双方的协商或者法律的规定改变原合同关系的内容。因此，无原合同关系就无变更的对象，合同变更离不开“原已存在合同关系”这一前提条件。同时，原合同关系若非合法有效，如合同无效、合同被撤销或者追认权人拒绝追认效力待定的合同，合同便自始失去法律约束力，即不存在合同关系，也就谈不上合同变更。

（2）合同变更须依当事人双方的约定或者法律的规定，并通过法院的判决或仲裁机构的裁决。发生合同变更主要是当事人双方协商一致的结果。根据《民法典》第五百四十三条“当事人协商一致，可以变更合同”的规定，在协商变更合同的情况下，变更合同的协议必须符合民事法律行为的有效要件，任何一方不得采取欺诈、胁迫的方式与对方当事人变更合同。如果变更合同的协议不能成立或不能生效，则当事人仍然应按原合同的内容履行。如果当事人对变更的内容约定不明确，应视为未变更。此外，合同变更还可以根据法律直接规定而发生。根据《民法典》第五百四十四条规定，当事人对合同变更的内容约定不明确的，推定为未变更。

**4. 合同解除**

合同解除分为协议解除和法定解除两种情况。

根据《民法典》第五百六十二条规定，当事人协商一致，可以解除合同。根据《民法典》第五百六十三条规定，有下列情形之一的，当事人可以解除合同：

（1）因不可抗力致使不能实现合同目的。当因不可抗力致使合同目的不能实现时，该合同失去意义，应归于消灭。在此情形下，我国《民法典》合同篇允许当事人通过行使解除权的方式消灭合同关系。

（2）在履行期限届满之前，当事人一方明确表示或者以自己的行为表明不履行主要债务。该情形即债务人拒绝履行，也称毁约，包括明示毁约和默示毁约。作为合同解除条件，它必须具备以下条件：① 债务人有过错；② 拒绝行为违法（无合法理由）；③ 债务人有履行能力。

（3）当事人一方迟延履行主要债务，经催告后在合理期限内仍未履行。该情形即债务人迟延履行。根据合同的性质和当事人的意思表示，履行期限在合同的内容中非属特别重要时，即使债务人在履行期限届满后履行，也不致使合同目的落空。在此情况下，原则上不允许当事人立即解除合同，而应由债权人向债务人发出履行催告，给予一定的履行宽限期。债务人在该履行宽限期届满时仍未履行的，债权人有权解除合同。

（4）当事人一方迟延履行债务或者有其他违约行为致使不能实现合同目的。对某些合同而言，履行期限至关重要，如债务人不按期履行，合同目的即不能实现，对于这种情形，债权人有权解除合同。其他违约行为致使合同目的不能实现时，也应如此。

（5）法律规定的其他情形。法律针对某些具体合同规定了特别法定解除条件的，按法律规定执行。

**5. 效力待定合同**

效力待定合同是指合同成立之后，是否具有效力还未确定，有待于其他行为或者事实使其确定的合同。效力待定合同的种类包括：

（1）限制民事行为能力人缔结的合同

合同作为一种民事法律行为，必须要求合同当事人具有相应的民事行为能力。限制民事行为能力人所签订的合同从主体资格上来讲是有瑕疵的，因为当事人缺乏完全的缔约能力、代签合同的资格和处分能力。因此，限制民事行为能力人缔结的合同，必须经过其法定代理人事先允许或事后承认才能生效。

（2）越权订立的合同

行为人没有代理权、超越代理权或者代理权中止后，以被代理人名义订立的合同，未经被代理人追认，对被代理人不发生效力，由行为人承担责任。

（3）无处分权人订立的合同

无权处分是指无处分权人以自己名义擅自处分他人财产。《民法典》第五百九十七条规定，因出卖人未取得处分权致使标的物所有权不能转移的，买受人可以解除合同并请求出卖人承担违约责任。

**6. 无效合同**

无效合同是相对于有效合同而言的，是指合同虽然订立，但因其违反法律、行政法规、社会公共利益，被确认为无效。无效合同的种类包括：

（1）全部无效合同

全部无效合同是指合同的全部内容自始不产生法律约束力。主要形式包括：

① 订立合同主体不合格，表现为：a. 无民事行为能力人、限制民事行为能力人订立的合同，且法定代理人不予追认的，该合同无效；b. 代理人不合格且相对人有过失而成立的合同，该合同无效；c. 法人和其他组织的法定代表人、负责人超越权限订立的合同，且相对人知道或应当知道其超越权限的，该合同无效。

② 订立合同内容不合法，表现为：a. 违反法律、行政法规的强制性规定的合同，该合同无效；b. 违反社会公共利益的合同，该合同无效；c. 恶意串通，损害国家、集体或个人利益的合同，该合同无效；d. 以合法形式掩盖非法目的的合同，该合同无效；e. 无处分权人处分他人财产的合同，该合同无效（但有例外：事后经权利人追认的、事后取得处分权的或受让人为善意取得的，该合同有效）。

③ 意思表示不真实的合同，即意思表示有瑕疵，例如一方以欺诈、胁迫的手段订立合同，损害国家利益的，该合同无效。

（2）部分无效合同

部分无效合同是指合同的部分内容不具有法律约束力，合同的其余部分内容仍然具有法律效力。

## 三、监理合同

### 1. 合同的订立

监理合同的全称为建设工程委托监理合同，是指建设单位聘请监理单位代其对工程项目进行监督管理，明确双方权利、义务的协议。建设单位称委托人，监理单位称监理人。监理合同除具有委托合同的共同特点外，还具有以下特点：

（1）监理合同的当事人双方应当是具有民事权利能力和民事行为能力、取得法人资格的企事业单位、其他社会组织，个人在法律允许范围内也可以成为合同当事人。委托人必须是承担直接投资责任和委托监理业务的一方及合法继承人；监理人必须是依法成立、具有法人资格的监理单位，并且所承担的工程监理业务应与单位资质相符合。

（2）监理合同的订立必须符合工程项目建设程序。

（3）监理合同的标的是服务。工程建设实施阶段所签订的其他合同，如勘察设计合同、施工承包合同、物资采购合同、加工承揽合同的标的是产生新的物质或信息成果。而监理合同的标的是服务，即监理工程师凭据自己的知识、经验、技能，受建设单位委托，对其所签订的其他合同的履行实施监督和管理。因此，《民法典》将监理合同纳入委托合同的范畴。根据《民法典》第七百九十六条规定，建设工程实行监理的，发包人应当与监理人采用书面形式订立委托监理合同。发包人与监理人的权利和义务以及法律责任，应当依照《民法典》第三编中委托合同以及其他有关法律、行政法规的规定。

### 2. 合同条款的组成结构

监理合同的订立，意味着委托关系的形成，委托方与监理方之间的关系受到合同约束。监理合同是委托服务履行过程中当事人双方的行为准则，因此合同内容应全面，用词要严谨。一份完整的监理合同应包括以下几个方面的条款：

（1）合同内所涉及的词语定义和遵循的法规；

（2）监理人的义务；

（3）委托人的义务；

（4）监理人的权利；

（5）委托人的权利；

（6）监理人的责任；

（7）委托人的责任；

（8）合同生效、变更与终止；

（9）监理报酬；

（10）其他；

（11）争议的解决。

### 3.《建设工程监理合同（示范文本）》（GF-2012-0202）

为了规范建设工程监理合同，住房城乡建设部和国家市场监督管理总局于2012年3月发布了《建设工程监理合同（示范文本）》（GF-2012-0202），该合同示范文本由协议书、通用条件、专业条件和附录组成。

（1）协议书

协议书明确了委托人和监理人，同时明确了双方约定的委托建设工程监理与相关服务的工程概况（工程名称、工程地点、工程规模、工程概算投资额或建筑安装工程费），总监理工程师（姓名、身份证号码、注册号），签约酬金，服务期限，双方履行合同的承诺及合同订立的时间、地点、份数等。协议书明确了建设工程监理合同的组成文件：① 协议书；② 中标通知书或委托书；③ 投标文件或监理与相关服务建议书；④ 专用条件；⑤ 通用条件；⑥ 附录，包括附录A 相关服务的范围和内容及附录B 委托人派遣的人员和提供的房屋、资料、设备。

协议书是一份标准格式文件，双方当事人在空格处填写具体规定的内容并签字盖章后，即发生法律效力。

（2）通用条件

通用条件包含了建设工程监理合同中所用的词语定义与解释，监理人的义务，委托人的义务，签约双方的违约责任，酬金支付，合同的生效、变更、暂停、解除与终止，争议解决及其他诸如外出考察费用、检测费用、咨询费用、奖励、守法诚信、保密、通知、著作权等方面的约定。通用文件适用于各类建设工程监理，各委托人、监理人都应遵守通用条件中的规定。

（3）专用条件

由于通用条件适用于各行业、各专业建设工程监理，其中某些条款规定得比较笼统，对具体工程缺乏比较有针对性的条款，因此，需要在签订具体建设工程监理合同时，结合地域特点、专业特点和委托监理的工程特点，对通用条件里的条款进行补充、修改。

（4）附录

附录包括附录A和附录B两部分。

① 附录A。建设方委托监理人完成相关服务时，应在附录A中明确约定委托的工作内容和范围。委托人根据工程建设管理需要，可以自主委托全部内容，也可以委托某个阶段的工作或部分内容。如果委托人仅委托建设工程监理，则不需要填写附录A。

② 附录B。委托人为保证监理人开展正常监理工作派遣的人员和无偿提供的房屋、资

料、设备，应在附录B中明确约定派遣或提供的对象、数量和时间。

## 四、施工合同

施工合同是指发包方（建设单位）和承包方（施工单位）为完成商定的施工工程，明确相互权利、义务的协议。依照施工合同，施工单位应完成建设单位交给的施工任务，建设单位应按照规定提供必要条件，并支付工程价款。

施工合同是承包人进行工程施工，发包人支付价款的合同，是建设工程的主要合同，同时也是工程建设质量控制、进度控制、造价控制的主要依据。施工合同的当事人是发包方和承包方，双方是平等的民事主体。

### 1. 合同的订立

施工合同的签订，应当遵守国家的法律、法规，遵循平等互利、协商一致、等价有偿的原则。承办人员签订合同，应取得法定代表人的授权委托书。施工合同一经依法订立，即具有法律效力，当事人的合法权益受到法律保护，任何一方不得擅自转让、变更。承发包双方之外的任何单位和个人，不得非法干预施工合同的签订和履行。

承发包双方签订施工合同，必须具备相应资质条件和履行施工合同的能力。对合同范围内的工程实施建设时，发包方必须具备组织协调能力；承包方必须具备有关部门核定的资质等级并持有营业执照等证明文件。

签订施工合同必须具备以下条件：

（1）初步设计已经批准；

（2）工程项目已经列入年度建设计划；

（3）有能够满足施工需要的设计文件和有关技术资料；

（4）建设资金和主要建筑材料设备来源已经落实；

（5）实行招投标的工程，中标通知书已经下达。

签订施工合同，必须按照《建设工程施工合同（示范文本）》的“合同条件”明确约定合同条款。对可能发生的问题，要约定解决办法和处理原则。合同应具备以下主要内容：

（1）工程名称、地点、范围、内容，工程价款及开、竣工日期；

（2）双方的权利、义务和一般责任；

（3）施工组织设计的编制要求和工期调整的处置办法；

（4）工程质量要求、检验与验收方法；

（5）合同价款调整与支付款方式；

（6）材料、设备的供应方式与质量标准；

（7）设计变更的相关约定；

（8）竣工条件与结算方式；

（9）违约责任及处置办法；

（10）争议解决方式；

（11）安全生产防护措施。

**2.《建设工程施工合同（示范文本）》（GF-2017-0201）**

《建设工程施工合同（示范文本）》（GF-2017-0201）由合同协议书、通用合同条款和专用合同条款三部分组成。

（1）合同协议书

合同协议书共计13条，主要包括：工程概况、合同工期、质量标准、签约合同价和合同价格形式、项目经理、合同文件构成、承诺以及合同生效条件等重要内容，集中约定了合同当事人基本的合同权利、义务。

（2）通用合同条款

通用合同条款是合同当事人根据《中华人民共和国建筑法》《民法典》等法律、法规的规定，就工程建设的实施及相关事项，对合同当事人的权利、义务作出的原则性约定。

通用合同条款共计20条，具体条款分别为：一般约定、发包人、承包人、监理人、工程质量、安全文明施工与环境保护、工期和进度、材料与设备、试验与检验、变更、价格调整、合同价格、计量与支付、验收和工程试车、竣工结算、缺陷责任与保修、违约、不可抗力、保险、索赔和争议解决。前述条款安排既考虑了现行法律、法规对工程建设的有关要求，也考虑了建设工程施工管理的特殊需要。

（3）专用合同条款

由于通用合同条款的内容涵盖各类工程项目施工共性的合同责任和履行管理程序，各行业可以结合工程项目施工的行业特点编制标准施工合同文本，在专用合同条款内体现。具体招标工程在编制合同时，应针对项目的特点、招标人的要求，在专用合同条款内针对通用合同条款涉及的内容进行补充、细化。

专用合同条款是对通用合同条款原则性约定的细化、完善、补充、修改或另行约定的条款。合同当事人可以根据不同建设工程的特点及具体情况，通过双方的谈判、协商对相应的专用合同条款进行修改补充。在使用专用合同条款时，应注意以下事项：① 专用合同条款的编号应与相应的通用合同条款的编号一致；② 合同当事人可以通过对专用合同条款的修改，满足具体建设工程的特殊要求，避免直接修改通用合同条款；③ 在专用合同条款中有横道线的地方，合同当事人可针对相应的通用合同条款进行细化、完善、补充、修改或另行约定；如无细化、完善、补充、修改或另行约定，则填写“无”或画“/”。

## 五、工程变更与合同索赔

施工过程中出现的变更包括监理人指示的变更和承包人申请的变更两类。监理人可按通用合同条款约定的变更程序向承包人做出变更指示，承包人应遵照执行。没有监理人的变更指示，承包人不得擅自变更。

**1. 变更管理**

（1）变更的范围

标准施工合同通用合同条款规定的变更范围包括：① 取消合同中任何一项工作，但被取消的工作不能转由发包人或其他人实施；② 改变合同中任何一项工作的质量或其他特性；③ 改变合同工程的基线、标高、位置或尺寸；④ 改变合同中任何一项工作的施工时间或改变已批准的施工工艺或顺序；⑤ 为完成工程需要追加的额外工作。

（2）监理人指示的变更

监理人根据工程施工的实际需要或发包人要求实施的变更，可以进一步划分为直接指示的变更和通过与承包人协商后确定的变更两种情况：① 直接指示的变更属于必须实施的变更，如按照发包人的要求提高质量标准、设计错误需要进行的设计修改、协调施工中的交叉干扰等情况。此时不需征求承包人意见，监理人经过发包人同意后发出变更指示，要求承包人完成变更工作。② 通过与承包人协商后确定的变更属于可能发生的变更，与承包人协商后再确定是否实施变更，如增加承包范围外的某项新增工作或改变合同文件中的要求等。

（3）承包人申请的变更

承包人申请的变更有建议变更和要求变更两类：① 承包人建议的变更是指承包人对发包人提供的图纸、技术要求以及其他方面，提出了可能降低合同价格、缩短工期或者提高工程经济效益的合理化建议，均应以书面形式提交监理人。合理化建议书的内容应包括建议工作的详细说明、进度计划和效益以及与其他工作的协调等，并附必要的设计文件。监理人与发包人协商是否采纳承包人提出的建议。建议被采纳并构成变更的，监理人向承包人发出变更指示。承包人提出的合理化建议使发包人获得了降低工程造价、缩短工期、提高工程经济效益等实际利益时，应按专用合同条款中的约定给予承包人奖励。② 承包人要求的变更是指承包人收到监理人按合同约定发出的图纸和文件，经检查认为其中存在属于变更范围的情形，如提高了工程质量标准、增加工作内容、工程的位置或尺寸发生变化等，可向监理人提出书面变更建议。变更建议应阐明要求变更的依据，并附必要的图纸和说明。监理人收到承包人的书面建议后，应与发包人共同研究，确认存在变更的，应在收到承包人书面建议后的 14 天内做出变更指示。经研究后不同意作为变更的，由监理人书面答复承包人。

（4）变更估价

承包人应在收到变更指示或变更意向书后的 14 天内，向监理人提交变更报价书，详细列出变更工作的价格组成及其依据，并附必要的施工方法说明和有关图纸。变更工作如果影响工期，承包人应提出调整工期的具体细节方案。监理人收到承包人变更报价书后的 14 天内，根据合同约定的估价原则，商定或确定变更价格。变更估价的原则：① 已标价工程量清单中有适用于变更工作的子目，采用该子目的单价计算变更费用；② 已标价工程量清单中无适用于变更工作的子目，但有类似子目，可在合理范围内参照类似子目的单价，由监理人商定或确定变更工作的单价；③ 已标价工程量清单中无适用或类似子目的单价，可按照成本加利润的原则，由监理人商定或确定变更工作的单价。

## 【案例】

某拟建工程建设场地原为农田，按设计要求进行建造时，建筑物地面范围内的耕植土应清除，基础必须在老土层下 2 m 处。为此，建设单位在前期就委托土方施工公司清除了耕植土并用好土回填压实至一定设计标高，故在施工招标文件中指出，施工单位无须再考虑清除耕植土问题。然而开工后，施工单位在开挖基坑时发现，一部分基础开挖深度虽然已经达到设计标高，但仍未见老土，而且在基础和场地范围内仍有一部分深层的耕植土和池塘淤泥必须清除。

**问题：**

1. 在工程中遇到地质条件与原设计所依据的地质资料不一致时，施工单位应该怎么办？

2. 根据修改的设计图纸，基础开挖要加深加大。为此施工单位提出了变更工程价格和延长工期的要求。请问施工单位的要求是否合理？为什么？

3. 对于工程施工中出现变更工程价款和工期的事件后，双方需要注意哪些时效性问题？

4. 对合同中未规定的施工单位义务，合同实施过程中又必须要进行的工作，应如何处理？

**解析：**

1. 在工程中遇到地质条件与原设计所依据的地质资料不一致时，施工单位应该：

（1）根据《建设工程施工合同（示范文本）》（GF-2017-0201）规定，在工程遇到地质条件与原设计所依据的地质资料不符时，应及时通知建设单位，要求对原设计进行变更。

（2）在《建设工程施工合同（示范文本）》（GF-2017-0201）的规定期限内，向建设单位提出设计变更价款和工期顺延要求。建设单位如果同意，则调整合同；建设单位如果不同意，应由建设单位在合同规定的期限内，通知施工单位就变更价格进行协商，协商一致后，修改合同。如果协商不一致，则按工程承包合同纠纷处理方式解决。

2. 施工单位提出的要求是合理的。因为工程地质条件的变化，不是一个有经验的施工单位能够合理预见的，属于建设单位应承担的风险。基础开挖要加深加大，必然会增加费用，延长工期。

3. 在工程施工中出现变更工程价款和工期的事件后，双方需要注意：

（1）施工单位提出变更工程价款和顺延工期的时间；

（2）建设单位确认的时间；

（3）双方对变更工程价款和工期不能达成一致意见时的解决办法和时间。

4. 对合同中未规定的施工单位义务，合同实施过程中又必须进行的工作：

（1）一般情况下可以按工程变更处理。在《建设工程施工合同（示范文本）》（GF-2017-0201）的规定期限内，施工单位向建设单位提出设计变更价款和工期顺延的要求。建设单位如果同意，则调整合同；建设单位如果不同意，应由建设单位在合同规定的期限内，通知施工单位就变更价格进行协商，协商一致后，修改合同。如果协商不一致，则按工程承包合同纠纷处理方式解决。

（2）建设单位可以另行委托施工。

**2. 索赔管理**

（1）承包人的索赔

承包人根据合同认为有权得到追加付款和延长工期时，应按规定程序向发包人提出索赔。承包人应在引起索赔事件发生后的28天内，向监理人提交索赔意向通知书，并说明发生索赔事件的事由。若承包人未在前述28天内提交索赔意向通知书，则丧失要求追加付款和延长工期的权力。

承包人应在发出索赔意向通知书后的28天内，向监理人提交正式的索赔通知书，并详细说明索赔理由以及要求追加付款金额和延长工期，并附必要的记录和证明材料。对于具有持续影响的索赔事件，承包人应按合理的时间间隔陆续提交延续的索赔通知书，说明连续影响的实际情况和记录，列出累计的追加付款金额和延长工期天数。在索赔事件影响结束后的28天内，承包人应向监理人提交最终索赔通知书，说明最终要求索赔的追加付款金额和延长工期天数，并附必要的记录和证明材料。

监理人收到承包人提交的索赔通知书后，应及时审查索赔通知书的内容、查验承包人的记录和证明材料，必要时监理人可要求承包人提交全部原始记录副本。监理人首先应争取通过与发包人和承包人协商达成索赔处理的一致意见，如果分歧较大，再单独确定追加付款金额和延长工期天数。监理人应在收到索赔通知书或有关索赔的进一步证明材料后的42天内，将索赔处理结果答复承包人。若承包人接受索赔处理结果，发包人应在做出索赔处理结果答复后的28天内完成赔付；若承包人不接受索赔处理结果的，则按合同争议解决。

（2）发包人的索赔

发包人的索赔包括承包人应承担责任的赔偿扣款和缺陷责任期的延长。发生索赔事件后，监理人应及时书面通知承包人，详细说明发包人有权得到的索赔金额和延长缺陷责任期的细节和依据。发包人提出索赔的期限与承包人提出索赔的期限相同，即颁发工程接收证书后，不能再就施工期间的事件索赔，最终结清证书生效后，不能再就缺陷责任期内的事件索赔。因此，延长缺陷责任期的通知应在缺陷责任期限届满前提出。监理人也应首先通过与当事人双方协商，争取达成一致，分歧较大时在协商基础上确定索赔的金额和缺陷责任期延长的时间。承包人应付给发包人的赔偿款从应支付给承包人的合同价款或质量保证金内扣除，也可以由承包人以其他方式支付。

【案例】

某污水处理厂项目由世界银行提供贷款，合同金额为 200 万美元，工期为 29 个月。合同要求在河岸修建一个泵站，施工单位在进行泵站的基础开挖时，遇到了建设单位的勘测资料并未指明的流沙和风化岩层。为此，建设单位以书面形式通知施工单位停工 10 天，并同意合同工期顺延 10 天。为确保继续施工，建设单位要求工人、施工机械等不要撤离施工现场，但在通知中未涉及由此造成的施工单位停工损失如何处理。施工单位认为对其损失过大，提出索赔。

**问题：**

1. 施工单位的索赔能否成立，索赔证据是什么？

2. 由此引起的损失费用项目有哪些？

3. 如果提出索赔要求，施工单位应向建设单位提供哪些索赔文件？

**解析：**

1. 索赔成立。这是因建设单位的原因造成的施工临时中断，从而导致施工单位工期的拖延和费用支出的增加，因而施工单位可以提出索赔。索赔证据为建设单位以书面形式提出的要求停工通知。

2. 此事造成的后果是施工单位的工人、施工机械等在施工现场窝工 10 天，给施工单位造成的损失主要是现场窝工的损失。因此施工单位的损失费用项目主要有 10 天的人工窝工费，10 天的机械台班窝工费，由于 10 天的停工而增加的现场管理费。

3. 索赔文件是施工单位向建设单位索赔的正式书面材料，一般由以下三部分组成：① 索赔信。主要是说明索赔事项，列举索赔理由，提出索赔要求。② 索赔报告。主要内容是事实与理由，即叙述客观事实，合理引用合同条款，阐述事实与损失之间的因果关系，说明索赔的合理性、合法性，从而最后提出要求补偿的金额及工期天数；③ 附件。包括索赔证据和详细计算书，其作用是为列举的事实、理由以及所要求的补偿提供证明材料。

# 5.2 建设工程信息管理

建设工程监理的主要方法是控制，控制的基础是信息，因此信息管理是工程监理任务的主要内容之一。及时掌握准确、完整的信息，可以使监理工程师更加有效地完成监理任务。信息管理工作的好坏，将会直接影响监理工作的成败，监理工程师应重视建设工程信息管理工作，掌握信息管理方法。

## 一、建设工程信息

### 1. 建设工程信息的构成

（1）文字图形信息：勘察、测绘、设计图纸及说明书、计划书、合同，工作条例及规定，施工组织设计，情况报告，原始记录，统计图表、报表，信函等信息。

（2）语言信息：口头分配任务、指示、汇报、工作检查、介绍情况、谈判交涉、建议、批评、工作讨论研究、会议等信息。

（3）新技术信息：通过网络、电话、电报、传真、计算机、电视、录像、录音、广播等现代化手段收集及处理的一部分信息。

监理工程师应当捕捉各种信息并加工处理和运用各种信息。

### 2. 建设工程信息的分类

在建设工程项目监理过程中，涉及大量的信息，这些信息依据不同标准可划分如下：

（1）按照建设工程的目标划分

① 投资控制信息：指与建设工程投资控制直接有关的信息，如各种估算指标、类似工程造价、物价指数；设计概算、概算定额；施工图预算、预算定额；工程项目投资估算；合同价组成；投资目标体系；计划工程量，已完成工程量，单位时间付款报表，工程量变化表，人工、材料调差表；索赔费用表；投资偏差、已完成工程结算；竣工决算、施工阶段的支付账单；原材料价格、机械设备台班费、人工费、运杂费等。

② 质量控制信息：指与建设工程质量控制有关的信息，如国家有关的质量法规、政策及质量标准、项目建设标准；质量目标体系和质量目标的分解；质量控制的工作流程、工作制度和方法；质量控制的风险分析；质量抽样检查的数据；各个环节工作的质量（工程项目决策的质量、设计的质量、施工的质量）；质量事故记录和处理报告。

③ 进度控制信息：指与建设工程进度控制相关的信息，如施工定额；项目总进度计划、进度目标分解、项目年度计划、工程总施工计划和子施工计划、计划进度与实际进度偏差；

施工计划的优化、调整情况；进度控制的工作流程、工作制度、风险分析。

④ 合同管理信息：指与建设工程相关的各种合同信息，如工程招投标文件；工程建设施工承包合同，物资设备供应合同，咨询、监理合同；合同的指标分解体系；合同的签订、变更、执行情况；合同的索赔。

（2）按照信息的来源划分

① 项目内部信息：指建设工程项目各个阶段、各个环节、各有关单位发生的信息总体。内部信息取自建设项目本身，如工程概况、设计文件、施工方案、合同结构、合同管理制度、信息资料的编码系统、信息目录表、会议制度、监理班子的组织、项目的造价目标、项目的质量目标、项目的进度目标。

② 项目外部信息：来自项目外部环境的信息，如国家有关的政策及法规；国内及国际市场的原材料及设备价格、市场变化；物价指数；类似工程造价、进度；投标单位的实力、投标单位的信誉、毗邻单位情况；新技术、新材料、新方法；国际环境的变化；资金市场变化等。

（3）按照信息的稳定程度划分

① 固定信息：指在一定时间内相对稳定不变的信息，包括标准信息、计划信息和查询信息。标准信息主要指各种定额和标准，如施工定额、原材料消耗定额、生产作业计划标准、设备和工具的耗损程度等。计划信息反映在计划期内已定任务的各项指标情况。查询信息主要指国家和行业颁发的技术标准、不变价格、监理工作制度、监理工程师的人事卡片等。

② 流动信息：指在不断变化的动态信息，如项目实施阶段的质量、造价及进度的统计信息；反映在某一时刻，项目建设的实际进程及计划完成情况；项目实施阶段的原材料实际消耗量、机械台班数、人工工日数等。

（4）按照信息的层次划分

① 战略性信息：指该项目建设过程中的战略决策所需的信息，如投资总额、建设总工期、施工单位的选定、合同价的确定等信息。② 管理性信息：指项目年度进度计划、财务计划等。③ 业务性信息：指各业务部门的日常信息。

（5）按照信息的性质划分

建设工程信息分为组织类信息、管理类信息、经济类信息和技术类信息四大类。

## 二、建设工程信息管理

### 1. 建设工程信息管理的概念

建设工程信息管理是指对建设工程项目信息的收集、加工、整理、存储、传递与应用等一系列工作的总称。

### 2. 建设工程信息管理的基本任务

建设工程信息管理的任务主要包括：

（1）组织建设工程项目基本情况信息的收集并系统化编制项目手册；

（2）制订项目报告及各种资料的要求，例如资料的格式、内容、数据结构的要求；

（3）按照项目实施、项目组织、项目管理的工作过程建立项目管理信息系统流程，在实际工作中保证这个系统正常运行，并控制信息流；

（4）档案管理工作。

**3. 建设工程信息管理工作的原则**

监理工程师在进行建设工程信息管理实践中必须坚持以下基本原则：

（1）标准化原则；

（2）有效性原则；

（3）定量化原则；

（4）时效性原则；

（5）高效处理原则；

（6）可预见原则。

**4. 建设工程信息编码的方法与编码原则**

信息编码是将事物或概念赋予一定规律性、易于计算机和人识别与处理的符号。建设工程信息编码是建设工程信息分类体系的体现，其基本原则包括：唯一性、合理性、可扩充性、简单性、适用性和规范性。

**5. 建设工程信息的加工、整理、分发、检索和存储**

（1）信息的加工、整理：把从建设工程各方得到的信息和数据进行鉴别、选择、核对、合并、排序、更新、计算、汇总、存储，生成不同形式的信息和数据，以便提供给不同需求的各类管理人员使用。在信息加工时，往往要求按照不同的需求，分层进行加工。监理人员对数据的加工要从鉴别开始。

（2）信息的分发、检索：通过对收集的数据进行分类加工处理后，要及时将信息和数据提供给需要使用的部门，信息和数据根据需要来分发，信息和数据的检索则要建立必要的分级管理制度。一般由软件来实现信息和数据的分发、检索，关键是要制订分发和检索的原则。分发和检索的原则：需要的部门和使用人，有权在需要的第一时间，方便地得到所需要的、以规定形式提供的一切信息和数据，并且保证不向不该知道的部门（人）提供任何信息和数据。分发设计时要考虑的主要内容：① 了解需要的部门和使用人的使用目的、使用周期、使用频率、得到时间、数据的安全要求；② 决定分发的项目、内容、分发量、范围和数据来源；③ 决定分发信息和数据的数据结构、类型、精度和如何设计成规定的格式；④ 决定提供的信息和数据介质。检索设计时则要考虑：① 允许检索的范围、密级划分、密码的管理；② 检索的信息和数据能否及时、快速地提供，采用什么手段实现；③ 提供检索需要的信息和数据输出形式，能否根据关键字实现智能检索。

（3）信息的存储：一般需要建立统一的数据库，各类数据以文件的形式组织在一起，组织的方法一般由单位自定，但要考虑规范化。根据建设工程实际，可以按照下列方法组织：① 按照工程进行组织，同一工程按照造价、进度、质量、合同的角度组织，并按照具体情况细化。② 文件名规范化，以定长的字符串作为文件名；③ 建设工程各方协调统一存储方式，在国家技术标准有统一的代码时尽量采用统一代码；④ 有条件时可以通过网络数据库形式存储数据，实现建设工程各方数据共享，减少数据冗余，保证数据的唯一性。

## 单元练习

一、选择题

1. 承包人应在索赔事项发生后的（　　）天以内，向监理人正式提出索赔意向通知。

A. 14　　B. 7　　C. 28　　D. 21

2. 索赔是指在合同的实施过程中，（　　）因对方不履行或未能正确履行合同所规定的义务或未能保证承诺的合同条款实现而遭受损失后，向对方提出的补偿要求。

A. 建设单位　　B. 第三方　　C. 施工单位　　D. 合同中的一方

3. 在施工过程中，由于发包人或监理人指令修改设计、修改实施计划、变更施工顺序，造成工期延长和费用损失，承包人可提出索赔。这种索赔属于（　　）引起的索赔。

A. 地质条件的变化　　B. 不可抗力　　C. 工程变更　　D. 建设单位风险

4.（　　）是索赔处理的主要依据。

A. 施工合同文本及附件　　B. 工程变更

C. 结算资料　　D. 市场价格

5. 下列关于工程分包的说法正确的是（　　）。

A. 施工总承包人不得将建设工程主体结构的施工分包给其他单位

B. 工程分包后，总承包人不再对分包的工程承担任何责任

C. 施工总承包人可以将承包工程中的专业工程自主分包给分包人

D. 分包人可以将其承包的建设工程再分包给其他单位

6. 根据 2021 年 1 月 1 日实施的《民法典》总则规定，缔约当事人在订立合同的过程中应当遵循六个原则，不包括（　　）。

A. 效益原则　　B. 诚信原则

C. 守法与公序良俗原则　　D. 绿色原则

7.（　　）是指民事主体从事民事活动，应当有利于节约资源，保护生态环境。

A. 诚信原则　　B. 绿色原则
C. 平等原则　　D. 守法与公序良俗原则

8. (　　) 要求当事人在合同的订立的全过程中，双方都应当讲诚实，守信用，不得存在欺诈和隐瞒等其他违背诚实信用的行为。

A. 绿色原则　　B. 公平原则　　C. 自愿原则　　D. 诚信原则

9.《建设工程施工合同（示范文本）》由（　　）三部分组成。

A. 工程概况　　B. 合同协议书　　C. 通用合同条款　　D. 专用合同条款
E. 监理人的义务

10. 当事人违反（　　），在缔约过程中一方以欺诈、胁迫的手段或者乘人之危，使对方在违背真实意愿的情况下订立的合同，根据《民法典》第一百四十八条规定，受欺诈方有权请求人民法院或者仲裁机构予以撤销。

A. 平等原则　　B. 公平原则　　C. 自愿原则　　D. 诚信原则

二、简答题

1. 什么叫合同？合同的订立要遵守什么原则？
2. 在什么情况下，当事人可以解除合同？
3. 合同条款的组成结构包括哪些方面？
4.《建设工程施工合同（示范文本）》通用合同条款规定的变更范围包括哪些？
5. 承包人提出索赔的期限是多长时间？

三、案例题

某建设单位与某施工单位按照《建设工程施工合同（示范文本）》签订了某宾馆大楼的装饰装修施工合同。合同价款为 1 600 万，合同工期为 130 天。在合同中，建设单位与施工单位约定，每提前或延迟一天，按合同价款的万分之二进行奖励或罚款。石材由建设单位提供，其他材料由施工单位采购。施工进行到第 22 天时，由于设计变更，造成工程停工 9 天，施工单位于 8 天内提出了索赔意向通知；施工进行到第 36 天时，因建设单位挑选石材，使部分工程停工累计达 16 天（均位于关键时间点上），施工单位于 10 天内提出了索赔意向通知；施工进行到 73 天时，该地遭受罕见暴风雨袭击，施工无法进行，延误工期 2 天，施工单位于 5 天内提出了索赔意向通知，施工到第 135 天时，施工单位因人员调配原因，延误工期 3 天；最后，工程在 150 天后竣工。工程结算时，施工单位向建设单位提出索赔要求，提交了最终索赔通知书并附索赔有关的材料和证据。

问题：

1. 以上哪些索赔要求能够成立？哪些不能成立？
2. 上述工期延误索赔中，哪些应该由建设单位承担？哪些应该由施工单位承担？
3. 施工单位应获得的工期补偿和工期奖励各是多少？

# 单元6 建设工程风险管理

## 学习目标

1. 掌握建设工程风险的特点和分类。
2. 熟悉建设工程风险管理过程。
3. 熟悉建设工程风险管理识别。
4. 了解建设工程风险评价。
5. 熟悉建设工程风险管理对策。
6. 能结合工程实际，识别建设工程实施过程中的风险隐患。
7. 能结合工程实际，协助制订风险计划，有效控制建设工程风险。
8. 培养正确的建设工程风险管理意识。
9. 灵活运用风险对策合理控制建设工程风险。
10. 养成专业、细致、科学的职业素养。

## 导读

### 必须专业、细致、科学地应对工程风险，力求用最少的资源获得最大的工程效益

风险管理就是在一定的经济环境背景中，通过对那些可能会造成危害的不稳定因素进行了解、权衡、研究及掌握，从而将风险控制在一定范围内，尽可能地降低风险带来的不利影响，使项目工程处于安全、合理、高效的状态中。

在我国，长期受计划经济体制的约束，工程建设存在大量风险，保险公司险种单一，没有完善的保险担保制度，保险费率高。市场上也没有专业的风险管理机构。发包人对招标风险管理水平较低，承包人对风险承受能力也不强；发包人处于主导地位，强行增加霸王条款。然而这些看似对发包人有利的情况结果往往适得其反。承包方因为前期低价中标，在建设过程中不断提出新的要求，人为制造合同变更寻求更多补偿，造成工程建设严重超出预算，最终导致招标形式大于实

质目的。还有就是一部分工程建设项目行政干预严重，责权利不清或执行不到位。这些因素都大大增加了工程建设风险管理难度，所以工程建设风险管理非常必要，广大工程管理人员必须做好风险管控，才能安全、合理、高效地完成工程建设。

# 6.1 建设工程风险管理概述

风险在建设工程中无处不在，风险管理失当会造成建设工程实施失控的现象，最终导致工程经济效益降低，甚至建设工程失败。所以，工程项目管理人员必须充分认识到建设工程风险管理的重要性，建设工程风险管理应从始至终贯穿整个建设工程管理过程。

## 一、建设工程风险的特点

### 1. 建设工程风险发生概率高

建设工程持续时间长，所涉及的风险因素和风险事件非常多，而且产生风险的原因比较复杂。

### 2. 建设工程风险差异性大

参与工程建设的各方所遇到的风险事件有较大的差异，即使是同一风险事件，对各参建方来说也不尽相同。例如，同样是通货膨胀，在可调价格合同条款下，对建设单位来说是相当大的风险，而对施工单位来说则风险很小。但是，在固定总价合同条款下，对建设单位来说不是风险，而对施工单位来说则是相当大的风险。

## 二、风险的相关概念

### 1. 风险因素

风险因素是指能产生或增加损失概率和损失程度的因素，它是风险事件发生的潜在原因，是造成损失的内在或间接原因，通常可分为三种：自然风险因素、道德风险因素、心理风险因素。自然风险因素是指有形的，并能直接导致某种风险的因素；道德风险因素是指无形的，与人的品德修养有关的，能导致某种风险的因素；心理风险因素是指无形的，与人的心理状态有关的，能导致某种风险的因素。

### 2. 风险事件

风险事件是指造成损失的偶发事件，是造成损失的外在或直接原因，如失火、地震等事件。

**3. 损失**

损失是指非故意的、非计划的和非预期的经济价值的减少，通常以货币单位来衡量，可分为直接损失和间接损失。

**4. 损失机会**

损失机会是指损失出现的概率，可分为客观概率和主观概率。客观概率是指某事件在长时期内发生的频率，而主观概率是指个人对某事件发生可能性的估计。

**5. 风险因素、风险事件、损失和风险四者之间的关系**

风险因素、风险事件、损失和风险四者之间的关系如图 6-1 所示。

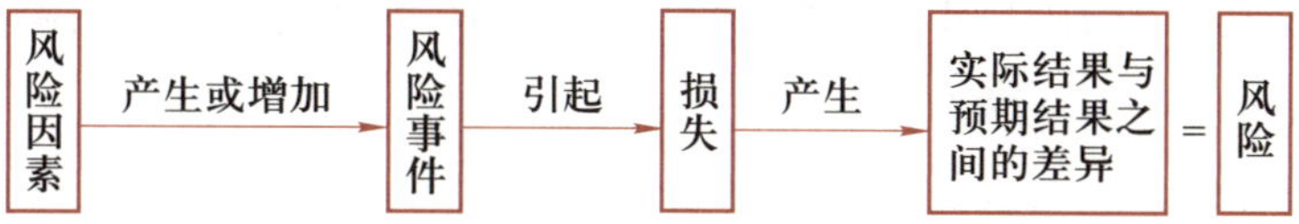


图 6-1 风险因素、风险事件、损失和风险四者之间的关系

## 三、风险的种类

从不同的角度，风险可以分为不同的种类。常见的风险分类方式主要有以下几种：

**1. 按风险造成的后果分类**

按风险造成的后果不同，可以将风险分为纯风险和投机风险。

（1）纯风险是指只会造成损失而不会带来收益的风险，如自然灾害。

（2）投机风险是指既可能造成损失也可能创造额外收益的风险。如一项投资决策可能由于决策失误造成损失，也可能带来巨大的投资收益。

**2. 按风险产生的原因分类**

按风险产生的原因不同，可以将风险分为政治风险、经济风险、自然风险、技术风险、商务风险、信用风险和其他风险。

（1）政治风险是指工程项目所在地的政治背景及其变化带来的风险，如不稳定的政治环境给各市场主体带来的风险。

（2）经济风险是指国家或社会一些大的经济因素变化带来的风险，如通货膨胀导致材料价格上涨，汇率变化带来的损失等。

（3）自然风险是指自然因素带来的风险，如工程实施过程中出现地震、洪水等造成的损失。

（4）技术风险是指一些技术的不确定性带来的风险，如设计文件的失误、采用新技术的失误等。

（5）商务风险是指合同条款中有关经济方面的条款和规定带来的风险，如风险分配、支付等方面的条款明示或隐含的风险。

(6) 信用风险是指合同一方的业务能力、管理能力、财务能力等有缺陷或者没有圆满履行合同而给合同另一方带来的风险。

(7) 其他风险是指上述六项中未包括，但建设工程可能面临的风险，如当地民俗带来的风险等。

**3. 按风险影响的范围分类**

按风险影响的范围大小，可以将风险分为基本风险和特殊风险。

(1) 基本风险是指作用于整个经济环境或大多数人群的风险。这种风险具有普遍性，影响范围大，如自然灾害、通货膨胀带来的风险。

(2) 特殊风险是指仅作用于某一个特定单体（个人或企业）的风险。这种风险不具有普遍性，如失火的风险。

# 6.2 建设工程风险管理过程

建设工程风险管理过程包括风险识别、风险评价、风险对策决策、实施决策、检查五方面内容。

## 一、风险识别

风险识别是风险管理过程的第一步，是指通过一定的方式，系统、全面地识别出影响建设工程目标实现的风险事件，并加以适当归类的过程，必要时还需对风险事件造成的后果作出定性的估计。

## 二、风险评价

风险评价是将建设工程风险事件的发生概率和损失后果进行量化的过程。这个过程在系统地识别建设工程风险与合理地作出风险对策决策之间起着重要的桥梁作用。风险评价的结果主要在于确定各种风险事件发生的概率及其对建设工程目标影响的严重程度，如投资增加的数额、工期延误的天数等。

## 三、风险对策决策

风险对策决策是确定建设工程风险事件最佳的风险对策组合的过程。一般来说，风险管理过程中所运用的对策有以下四种：风险回避、损失控制、风险自留和风险转移。这些风险对策的适用对象各不相同，需要根据风险评价的结果，对不同的风险事件选择最适宜的风险对策，从而形成最佳的风险对策组合。

### 四、实施决策

对形成的风险对策决策还需要进一步落实到具体的计划和措施中。例如，制订预防计划、灾难解救计划、应急计划等。

### 五、检查

在建设工程实施过程中，要不断地检查各项风险对策的执行情况，并评价各项风险对策的执行效果。在工程实施条件发生变化时，要确定是否需要提出不同的风险处理方案。此外，还需要检查是否有被遗漏的风险或者新的风险，即进入新的风险识别，开始新一轮的风险管理过程。

## 6.3 建设工程风险识别

### 一、建设工程风险识别的过程

建设工程风险识别的过程如图 6-2 所示。

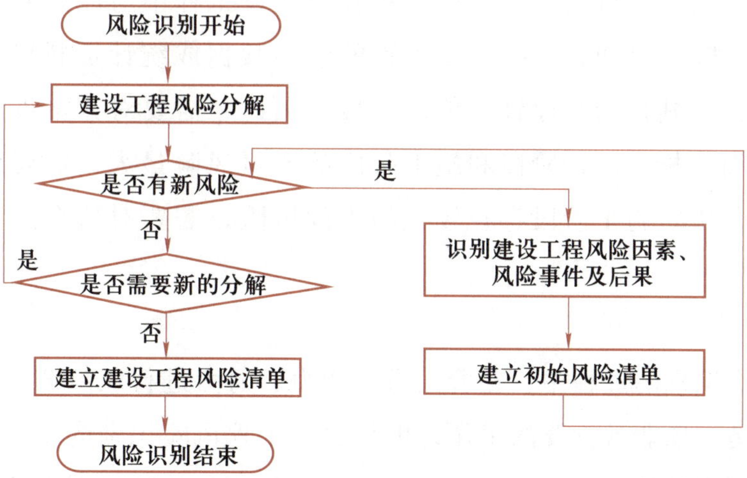


图 6-2 建设工程风险识别的过程

### 二、建设工程风险识别的方法

#### 1. 专家调查法

专家调查法有两种方式：一种是采用问卷式调查，各专家在不受其他专家的影响下作出自己的独立判断；另一种是召集专家开会，让专家各抒己见，集思广益。

**2. 财务报表法**

财务报表法有助于确定一个特定企业或建设工程可能遭受的损失类型以及会在何种情况下遭受这些损失。通过分析资产负债表、现金流量表、营业报表及有关补充资料，可以识别企业或建设工程当前的所有资产、责任及人身损失风险。将这些报表与财务预测、预算结合起来，可以识别企业或建设工程未来的风险。

**3. 流程图法**

流程图法是将一项特定的生产或经营活动按步骤或阶段以若干个模块形式组成一个流程图，在每个模块中都标出各种潜在的风险因素或风险事件，从而给决策者一个清晰的总体印象。由于流程图的篇幅限制，采用这种方法所得到的风险识别结果较粗略。

**4. 初始清单法**

如果对每一个建设工程风险识别都从头做起，至少有三方面缺陷：（1）风险识别的主观性可能导致风险识别的随意性，使其结果缺乏规范性；（2）耗费的时间和精力多，风险识别工作的效率低；（3）风险识别的成果资料不便积累，对今后的风险识别工作缺乏指导作用。因此，为了避免以上缺陷，有必要建立初始风险清单。初始清单法是指有关人员利用所掌握的丰富知识设计初始风险清单，这便于人们较全面地认识风险的存在，而不至于遗漏重要的建设工程风险，但并不是风险识别的最终结论。

**5. 经验数据法**

经验数据法又称统计资料法，即根据已建各类建设工程中与风险有关的统计资料来识别拟建建设工程的风险。例如，根据建设工程的经验数据或统计资料可知，减少投资风险的关键在设计阶段，尤其是初步设计以前的阶段，因此，需要对方案设计的初步设计阶段的投资风险进行详细分析。设计阶段和施工阶段的质量风险最大，需要对这两个阶段的质量风险作进一步的分析。施工阶段存在较大的进度风险，需要对这个阶段的进度风险作重点分析。

**6. 风险调查法**

在建设工程风险识别的过程中，花费人力、物力、财力进行风险调查是必不可少的。因此，风险调查法既是一项非常重要的工作，也是建设工程风险识别的重要方法。风险调查应当从分析具体建设工程的特点入手，一方面，对通过其他方法已识别出的风险（如初始风险清单所列出的风险）进行鉴别和确认；另一方面，通过风险调查有可能发现以前未识别出的重要的建设工程风险。通常，风险调查可以从组织、技术、自然及环境、经济、合同等方面分析拟建建设工程的特点以及相应的潜在风险。风险调查并不是一次性的，由于风险管理是一个系统的、完整的循环过程，因此风险调查也应该在建设工程实施过程中不断地进行，这样才能了解不断变化的条件对建设工程风险状态的影响。

对建设工程风险识别，仅仅采用一种风险识别方法是远远不够的，一般都应综合采用两种或三种风险识别方法，才能取得较为满意的结果。而且，不论采用何种风险识别方法的组合，都必须包含风险调查法。从某种意义上来说，前五种风险识别方法的主要作用在于建立初始风险清单，而风险调查法的作用则在于建立最终的风险清单。

# 6.4 建设工程风险评价

系统而全面地识别建设工程风险只是风险管理过程的第一步，下一步还要对认识到的建设工程风险作进一步的分析，也就是建设工程风险评价。

## 一、风险量函数

在定量评价建设工程风险时，首要的工作是将各种风险的发生概率及其潜在的损失定量化，这项工作称为风险衡量。风险量是指各种风险的量化结果，其数值大小取决于各种风险的发生概率及其潜在的损失。如果用 $R$ 表示风险量，$p$ 表示风险的发生概率，$q$ 表示潜在的损失，则 $R$ 可以表示为 $p$ 和 $q$ 的函数：

$$R=\sum p_i \cdot q_i$$

式中反映的是风险量的基本原理。在图 6-3 中，$R_1$、$R_2$、$R_3$ 为三条不同的等风险量曲线。不同的等风险量曲线所表示的风险量大小与其距风险坐标原点的距离成正比：即距原点越近，风险量越小；反之，风险量越大。因此，$R_1<R_2<R_3$。

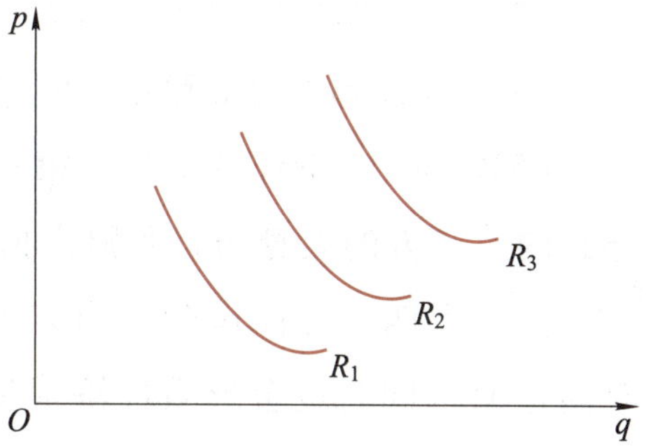

图 6-3 等风险量曲线

## 二、风险损失的衡量

风险损失的衡量就是定量确定风险损失值的大小。建设工程风险损失包括以下几个方面。

### 1. 投资风险

投资风险导致的损失可以直接用货币形式来表现，即法律、法规、价格、汇率和利率等的变化或资金使用安排不当等风险事件引起的实际投资超出计划投资的数额。

### 2. 进度风险

进度风险导致的损失由以下几个部分组成：

（1）货币的时间价值。货币可能在利率的作用下引起经济损失。

（2）为赶上计划进度所需的额外费用。包括赶进度所需要加班的人工费、机械使用费和管理费等一切非计划内费用。

（3）延期投入使用的收入损失。这方面损失的计算相当复杂，不仅是延误期间内的收入损失，还可能由于产品投入市场过迟而失去商机，从而大大降低市场份额，因而这方面的损失有时是相当巨大的。

**3. 质量风险**

质量风险导致的损失包括事故引起的直接经济损失，修复和补救等措施发生的费用以及第三方责任的损失等，可分为以下几个方面：

（1）建（构）筑物或其他结构倒塌所造成的直接经济损失；

（2）复位纠偏、加固补强等补救措施和返工的费用；

（3）工期延误造成的损失；

（4）永久性缺陷对建设工程使用造成的损失；

（5）第三方责任的损失。

**4. 安全风险**

安全风险导致的损失包括以下几点：

（1）受伤人员的医疗费用和补偿费；

（2）财产损失，包括材料、设备等财产的损坏或被盗取；

（3）因工期延误造成的损失；

（4）为恢复建设工程正常实施所发生的费用；

（5）第三方责任的损失。第三方责任的损失是指在建设工程实施期间，因意外事故可能导致的第三方的人身伤亡和财产损失所带来的经济赔偿以及必须承担的法律责任。

由以上四个方面风险的内容可知：投资增加可以直接用货币来衡量；进度的拖延属于时间范畴，同时也会导致经济损失；质量事故和安全事故既会产生经济影响，又可能导致工期延误和第三方责任，显得更加复杂。而第三方责任除了法律责任之外，一般都是以经济赔偿的形式来实现的。因此，这四个方面的风险最终都可以归纳为经济损失。在建设工程实施过程中，某一风险事件的发生往往会同时导致一系列损失。例如，地基的塌陷引起塔吊的倒塌，并进一步造成人员伤亡和建筑物的损坏以及施工被迫停止等。这表明，这一地基塌陷事故影响了建设工程所有的目标——投资、进度、质量和安全，从而造成相当大的经济损失。

## 三、风险评价

在风险衡量过程中，在选择对策之前，还需要对建设工程风险量作出相对比较，以确定建设工程风险的相对严重性。

从等风险量曲线（图 6-3）可以看出，在风险坐标图上，位置距离坐标原点越近则风险量越小。据此，可以将风险的发生概率（$p$）和潜在的损失（$q$）分别分为 L（小）、M（中）、H（大）三个区间，从而将风险量等级分为 VL、L、M、H、VH 等九个区域，如图 6-4 所示。在这九个不同的区域中，有些区域的风险量是大致相等的，可以将风险量的大小分成五个等级。

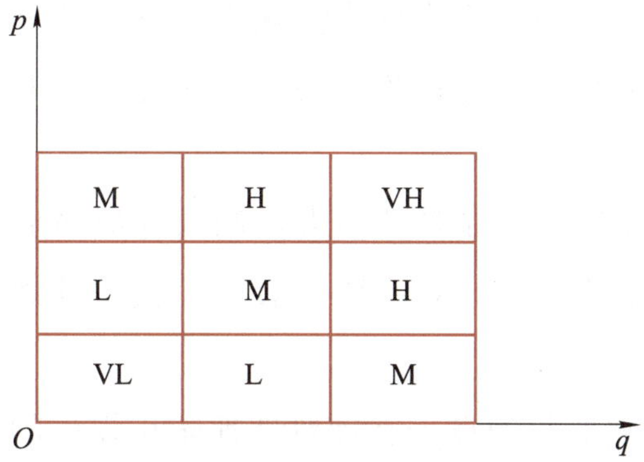


图 6-4 风险量等级

注：VL 代表很小；L 代表小；M 代表中等；H 代表大；VH 代表很大。

# 6.5 建设工程风险对策

风险对策又称风险防范手段或风险管理技术。风险对策主要有风险回避、损失控制、风险自留、风险转移。

## 一、风险回避

风险回避就是想办法中断风险源，使风险不发生或不再发展，从而避免可能产生的潜在损失。例如，某建设工程的可行性研究报告表明，虽然从净现值、内部收益率指标来看是可行的，但敏感性分析的结论是该建设工程对投资额、产品价格、经营成本均很敏感，这意味着该建设工程不确定性很大，即风险很大，因而决定不投资该建设工程。

采用风险回避这一对策时，有时需要作出一些牺牲，但相较于承担的风险，这些牺牲比风险真正发生时可能造成的损失要小得多。例如，某公司在建厂准备阶段耗费了不少资金，但后来得知厂房附近经常发洪水，与其让厂房建成后被洪水冲毁，不如及早放弃计划，另谋理想的厂址。又如，某建筑公司参与一个建设工程的投标，中标后发现自己的报价远远低于其他承包单位的报价，经仔细分析，发现自己的报价存在严重的误算和漏算，因而拒绝与建设单位签订施工合同。虽然这样做将被没收投标保证金或履约保证金，但比承包后严重亏损的损失要小得多。在某些情况下，风险回避是最佳对策。

## 二、损失控制

### 1. 损失控制的概念

损失控制是一种主动的、积极的风险对策。损失控制可分为预防损失和减少损失两方面的措施。预防损失措施的主要作用在于降低或消除损失发生的概率，而减少损失措施的作用在于降低损失的严重性或遏制损失的进一步发展，使损失最小化。

### 2. 损失控制计划系统

在采用损失控制风险对策时，所制订的损失控制措施应当形成一个周密的、完整的损失控制计划系统。就施工阶段而言，该计划系统一般应由预防计划、灾难解救计划、应急计划组成。

（1）预防计划。预防计划的目的在于有针对性地防止损失的发生，其主要作用在于降低损失发生的概率。在损失控制计划系统中，预防计划的内容最广泛，具体措施也最多。

（2）灾难解救计划。灾难解救计划是一组事先编制好的、目的明确的工作程序和具体措施，能为现场人员提供明确的行动指南，以便在各种严重的、恶性的紧急事件发生后，他们不至于惊慌失措，也不需要临时讨论研究应对措施，就可以做到从容不迫、及时、妥善地处理，从而减少人员伤亡以及财产等经济损失。

灾难解救计划是针对严重风险事件制订的，应满足以下要求：

① 安全撤离现场人员；

② 援救及处理伤亡人员；

③ 控制事故的进一步发展，最大限度地减少资产和环境损害；

④ 保证受影响的区域尽快恢复正常；

⑤ 能够在严重风险事件发生或即将发生时付诸实施。

（3）应急计划。应急计划是在风险损失基本确定后的处理计划，宗旨是使因严重风险事件而中断的工程实施过程尽快全面恢复，并减少进一步的损失，使风险影响程度减至最小。应急计划不仅要制订所要采取的相应措施，还要规定不同工作部门的相应职责。

## 三、风险自留

风险自留就是将风险留给自己承担，从企业内部财务的角度来应对风险。

### 1. 风险自留的类型

风险自留可分为非计划性风险自留和计划性风险自留。

（1）非计划性风险自留。由于风险管理人员没有意识到建设工程某些风险的存在，或者不曾有意识地采取有效预防措施，以致风险发生后只好由自己承担。这样的风险自留是非计划性的和被动的。

（2）计划性风险自留。计划性风险自留是主动地、有意识地、有计划地选择，是风险管理人员在经过正确的风险识别和风险评价后作出的风险对策决策，是整个建设工程风险对策计划的一个组成部分。

**2. 计划性风险自留的适用条件**

计划性风险自留至少要符合以下条件之一时才予以考虑：

（1）别无选择。有些风险既不能回避，又不可能预防，且没有转移的可能性，只能自留，这是一种无奈的选择。

（2）期望损失不严重。风险管理人员对期望损失的估计低于保险公司的估计，而且根据工作经验和有关资料，确信估计正确。

（3）损失可准确预测，并且有非常完备的应对措施。这一点实际上是要求建设工程有较多的单项工程和单位工程，满足概率分布的基本条件。

（4）企业有在短期内承受最大潜在损失的能力。由于风险的不确定性，可能在短期内发生的最大潜在损失。对于建设单位来说，要具有短期内筹措大笔资金应对的能力。

（5）投资前景很好或机会成本很大。如果市场投资前景很好，则保险费的机会成本就显得很大，不如采取风险自留，将保险费作为投资，以取得较多的投资回报。即使今后自留风险事件发生，也足以弥补其造成的损失。

## 四、风险转移

风险转移是建设工程风险管理中非常重要而且广泛应用的一项对策，分为非保险转移和保险转移。根据风险管理的基本理论，建设工程的风险应由有关各方分担，而风险分担的原则是任何一种风险都应由最适宜承担该风险或最有能力进行损失控制的一方承担。符合这一原则的风险转移是合理的，可以取得双赢或多赢的结果。

**1. 非保险转移**

非保险转移又称合同转移，因为这种风险转移一般是通过签订合同的方式将建设工程风险转移给非保险人的对方当事人。例如，建设单位将部分合同责任和风险通过委托监理的方式转移。又如，承包单位进行工程分包。承包单位中标承接某工程后，将该工程中专业技术要求很强而自身缺乏相应技术的工程内容分包给专业分包单位，从而更好地保证工程质量。

**2. 保险转移**

保险转移通常称为保险，对于建设工程风险来说，则为工程保险。通过购买工程保险，建设单位或施工单位作为投保人将本应由自身承担的工程风险（包括第三方责任）转移给保险公司，从而使自身免受风险损失。通过保险还可以减少决策者和风险管理人员对建设工程风险的忧虑，从而可以集中精力研究和处理建设工程实施中的其他问题，提高目标控制的效果。而且，保险公司可为建设单位和施工单位提供较为全面的风险管理服务，从而提高建设工程风险管理的整体水平。

图 6-5 所示是风险管理全过程，描述了风险对策决策过程以及风险对策之间的选择关系。

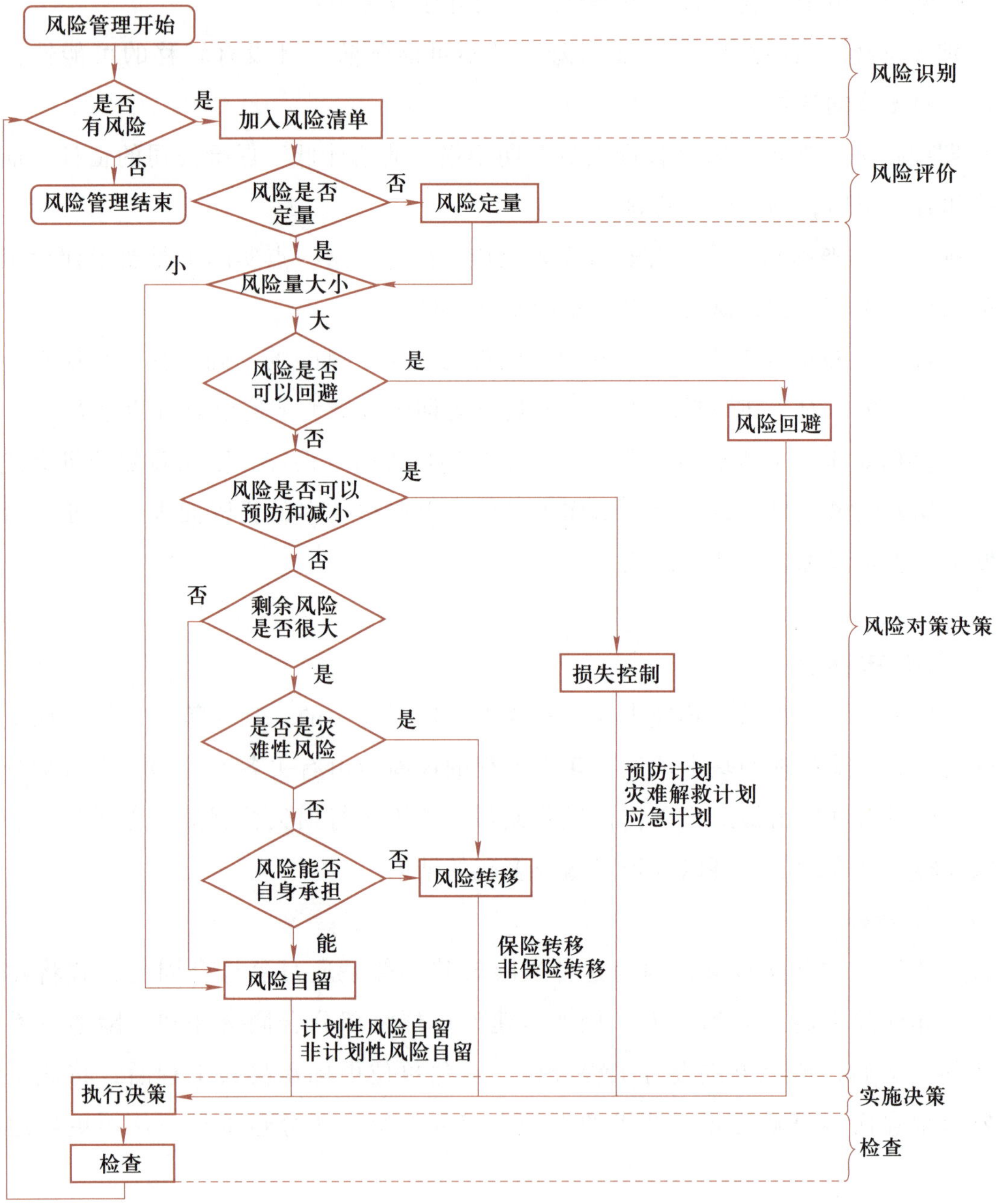


图 6-5 风险管理全过程

## 【案例】

某建设单位委托了一家监理单位协助组织工程招标并负责施工监理工作。总监理工程师在主持编制监理规划时，安排了一位专业监理工程师负责项目风险分析和相应监理规划内容的编制工作。经过风险识别、评价，按风险量的大小将该项目中的风险分为大、中、小三类。根据该建设项目的具体情况，监理工程师对建设单位的风险事件提出了正确的风险对策，制订了相应的风险控制措施，见表 6-1。

**表 6-1　风险对策及风险控制措施**

| 风险事件 | 风险对策 | 风险控制措施 |
| --- | --- | --- |
| 1. 通货膨胀 | 风险转移 | 1. 购买保险 |
| 2. 施工单位技术、管理水平低 | 风险回避 | 2. 制订详细的损失控制计划 |
| 3. 施工单位违约 | 风险转移 | 3. 要求施工单位提供担保或者履约保函 |
| 4. 建设单位购买的昂贵设备在运输过程中出现意外事件 | 风险转移 | 4. 建设单位与施工单位签订总价合同 |
| 5. 第三方责任 | 风险自留 | 5. 建立后备储蓄资金 |
| 6. 出现突发性事故 | 损失控制 | 6. 择优选择施工单位 |

**问题：**

不同的“风险事件”对应哪种“风险控制措施”？请用直线连起来。

**解析：**

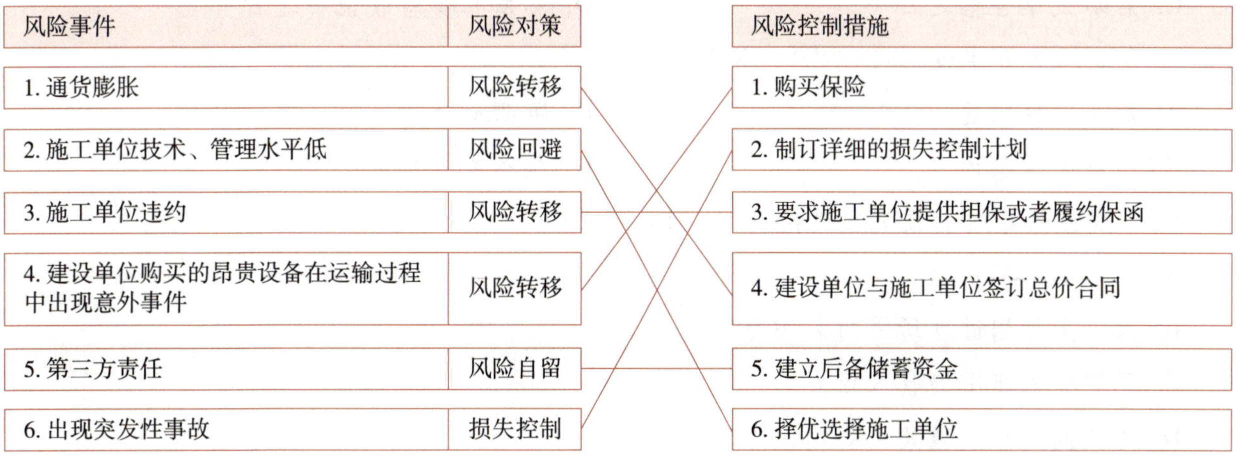

## 单元练习

一、选择题

1. 在系统地识别建设工程风险与合理地作出风险对策决策之间起着重要桥梁作用的是（　　）。

A. 风险管理　　B. 风险评价　　C. 损失控制　　D. 风险调查

2. 不属于风险识别特点的是（　　）。

A. 个别性　　B. 主观性　　C. 复杂性　　D. 可行性

3. 下列可能造成第三方责任损失的是（　　）。

A. 投资风险和进度风险　　B. 进度风险和质量风险

C. 质量风险和安全风险　　D. 安全风险和投资风险

4. 下列关于风险回避的表述中，不正确的是（　　）。

A. 回避一种风险，可能产生另一种新的风险

B. 回避风险的同时，也失去了从风险中获益的可能性

C. 回避风险有时可能不实际或不可能

D. 回避风险是一种积极的风险对策

5. 若开标后中标人发现自己的报价存在严重的误算和漏算，因而拒绝与建设单位签订施工合同，这一对策为（　　）。

A. 风险回避　　B. 风险自留　　C. 损失控制　　D. 风险转移

6. 在设备采购合同中应约定具体的设备保证期限，保证期应从（　　）起开始计算。

A. 签署开箱检验记录之日　　B. 设备安装完毕之日

C. 启动试车合格之日　　D. 签发初步验收证书之日

7. 在等风险量曲线中（　　），风险越大。

A. 距离 $x$ 轴越远　　B. 距离 $y$ 轴越远

C. 距离原点越远　　D. 距离原点越近

8. 进度风险导致的损失不包括（　　）。

A. 货币的时间价值

B. 为赶上计划进度所需的额外费用

C. 延期投入使用的收入损失

D. 为提高工程质量所需要的额外费用

9. 风险控制是一种（　　）风险对策。

A. 主动的、消极的　　B. 主动的、积极的

C. 被动的、消极的　　D. 被动的、积极的

10. 损失控制计划系统一般由预防计划、灾难解救计划、(　　) 组成。

A. 重建计划　　B. 减灾计划　　C. 应急计划　　D. 抢险计划

二、简答题

1. 建设工程风险的两个基本特点是什么?

2. 简述建设工程风险管理过程。

3. 建设工程风险识别有哪些方法?

4. 建设工程风险损失包括哪几个方面?

5. 计划性风险自留适用于哪些条件?

三、案例题

某监理公司受房地产开发公司委托监理某建设项目，工程建设过程中遇到情况如下:

(1) 房地产开发公司因为时间紧迫，参考其他地区同类型工程，直接制订风险决策，并且安排实施。

(2) 因为工期比较紧张，施工项目部制订了损失控制计划中的预防计划、灾难解救计划，监理公司认为不够。

(3) 该工程位于多雨多风地区，经常出现灾害性天气，但施工单位是外地企业，不了解当地气象情况。

(4) 监理公司在工作过程中发现施工单位项目总工程师水平较低，对工程质量管理松懈。

问题:

1. 房地产开发公司的做法妥当吗? 请具体说明。

2. 损失控制计划除了提及的两个计划外还有什么计划? 该计划有什么作用?

3. 监理公司应该为施工单位提出建议吗? 风险对策中对发生概率很高、损失很大的风险应该如何处理?

4. 上述情况容易对工程项目产生什么质量风险? 监理公司应该建议建设单位采取什么控制措施避免损失的产生?

# 单元 7 建设工程监理文件资料管理

## 学习目标

1. 掌握监理文件资料管理定义。
2. 熟悉建设工程监理基本表式。
3. 熟悉监理文件的资料内容。
4. 能结合工程实际，编制监理文件基本表式。
5. 能结合工程实际，协助进行工程监理文件资料管理。
6. 树立认真负责、耐心细致、实事求是的工作态度。

## 导读

**智慧监测为工程质量保驾护航**

随着科技的进步以及建筑行业发展的自身需求，逐步将科学技术应用到项目管理过程中，例如，将新信息技术应用到见证取样环节，为建筑工程的质量与安全保驾护航。建筑材料作为建筑工程最重要的组成部分，材料质量与性能对建筑物的质量和安全起着决定性的作用。送检产品作为检测的重要依据，如何确保其唯一性与真实性是送检工作及见证取样工作中的关键所在。“二维码智慧检测”系统的发明与应用，为检测人员提供了有效的规范，保证了送检材料的唯一性与真实性。以混凝土试块为例，施工单位负责取样的人员在混凝土浇筑过程中要在监理单位见证人员的监督下，对混凝土进行取样并按要求制作混凝土试块，随后将带有二维码的、具有唯一性标识的标签植入到试块上，如图 7-1 所示。检测取样人员和见证人员分别使用各自的客户端扫描试块上的二维码，并将试块的相关信息录入系统，然后将相关照片上传到系统中，主要包括已植入样品的二维码照片、试块封样照片、取样人员和见证人员的照片。系统可通过取样上传的位置信息、相关人员信息以及试块信息进行该组试块可疑性的判断，确保取样过程中试块的真实性与唯一性。

图 7-1 混凝土试块二维码的应用

建设工程监理文件资料管理是指监理工程师受建设单位委托，在进行建设工程监理的工作期间，对建设工程实施过程中形成的与监理相关的文件和档案进行收集积累、加工整理、立卷归档和检索利用等一系列工作。建设工程监理文件资料管理是监理工程师进行目标控制的基础性工作。建设工程监理文件资料管理为建设工程监理工作的顺利开展创造良好的前提条件，也是监理工程师进行建设工程目标控制的客观依据。

建设工程监理文件资料管理有利于提高监理工作效率，为建设工程档案的归档提供可靠保证，为评定监理工作、界定监理责任提供有力证据。

# 7.1 建设工程监理基本表式及其说明

《建设工程监理规范》(GB/T 50319—2013) 中将建设工程监理基本表式分为三大类，即 A 类表——工程监理单位用表，共 8 个表；B 类表——施工单位报审、报验用表，共 14 个表；C 类表——通用表，共 3 个表。

## 一、建设工程监理基本表式

### 1. A 类表

A 类表即工程监理单位用表。由工程监理单位或项目监理机构签发，主要包括总监理工程师任命书、工程开工令、监理通知单、监理报告、工程暂停令、旁站记录、工程复工令和工程款支付证书。

### 2. B 类表

B 类表即施工单位报审、报验用表，由施工单位或施工项目经理部填写后报送工程建设相关单位。B 类表主要包括施工组织设计、（专项）施工方案报审表，工程开工报审表，工程复工报审表，分包单位资格报审表，施工控制测量成果报验表，工程材料、构配件、设备报审表，________报验、报审表，分部工程报验表，监理通知回复单，单位工程竣工验收报审表，工程款支付报审表，施工进度计划报审表，费用索赔报审表，工程临时或最终延期报审表。

**3. C类表**

C类表即通用表，是工程建设相关单位工作联系的通用表。主要包括工作联系单、工程变更单、索赔意向通知书。

## 二、工程监理基本表式说明

**1. 表 A.0.1　总监理工程师任命书**

工程监理单位在建设工程监理合同签订后，应及时将项目监理机构的组织形式、人员构成及对总监理工程师的任命书面通知建设单位。

总监理工程师任命书需要由工程监理单位法定代表人签字，加盖监理单位公章。

**2. 表 A.0.2　工程开工令**

建设单位代表在施工单位报送的工程开工报审表上签字同意开工后，总监理工程师可签发工程开工令，指令施工单位开工。

工程开工令需要由总监理工程师签字，并加盖监理工程师执业印章。工程开工令应明确具体开工日期，并作为施工单位计算工期的起始日期。

**3. 表 A.0.3　监理通知单**

监理通知单是项目监理机构在日常监理工作中常用的指令性文件。项目监理机构在建设工程监理合同约定的权限范围内，针对施工单位出现的各种问题所发出的指令、提出的要求等，除另有规定外，均应采用监理通知单。监理工程师现场发出的口头指令及要求，也应采用监理通知单予以确认。

施工单位发生下列情况时，项目监理机构应发出监理通知单：

(1) 在施工过程中出现不符合设计要求、工程建设标准、合同约定的情况；

(2) 使用不合格的工程材料、构配件和设备；

(3) 在工程质量、造价、进度等方面存在违规等行为。

监理通知单可由总监理工程师或专业监理工程师签发，对于一般问题可由专业监理工程师签发，对于重大问题应由总监理工程师或经其同意后签发。

**4. 表 A.0.4　监理报告**

项目监理机构在实施监理过程中，发现工程存在安全隐患时，应签发监理通知单，要求施工单位整改；情况严重时，应签发工程暂停令，并应及时报告建设单位。施工单位拒不整改或不停止施工时，项目监理机构应及时向有关主管部门报送监理报告。

总监理工程师签发监理报告。监理单位报送监理报告时，应附相应监理通知单或工程暂停令等证明监理人员履行安全生产管理职责的相关文件资料。

**5. 表 A. 0. 5 工程暂停令**

总监理工程师在签发工程暂停令时，可根据停工原因的影响范围和影响程度，确定停工范围，并应按施工合同和建设工程监理合同的约定签发工程暂停令。

项目监理机构发现下列情况之一时，总监理工程师应及时签发工程暂停令：

（1）建设单位要求暂停施工且工程需要暂停施工的。

（2）施工单位未经批准擅自施工或拒绝项目监理机构管理的。

（3）施工单位未按审查通过的工程设计文件施工的。

（4）施工单位违反工程建设强制性标准的。

（5）施工存在重大质量、安全隐患或发生质量、安全事故的。

总监理工程师签发工程暂停令应事先征得建设单位同意，在紧急情况下未能事先报告时，应在事后及时向建设单位作出书面报告。

**6. 表 A. 0. 6 旁站记录**

项目监理机构监理人员对关键部位、关键工序的施工质量进行现场跟踪监督时，需要填写旁站记录。

“旁站的关键部位、关键工序施工情况”应记录所旁站部位、工序的施工作业内容，如主要施工机械、材料、人员和完成的工程量及监理人员检查旁站部位施工质量的情况等。

“发现的问题及处理情况”应说明旁站所发现的问题及采取的处置措施。

**7. 表 A. 0. 7 工程复工令**

当暂停施工原因消失、具备复工条件时，施工单位提出复工申请的，项目监理机构应审查施工单位报送的工程复工报审表及有关材料，符合要求后，总监理工程师应及时签署审查意见，并应报建设单位批准后签发工程复工令；施工单位未提出复工申请的，总监理工程师应根据工程实际情况指令施工单位恢复施工。工程复工令由总监理工程师签字，并加盖监理工程师执业印章。

**8. 表 A. 0. 8 工程款支付证书**

监理单位收到经建设单位签署审批意见的工程款支付报审表后，向施工单位签发工程款支付证书，同时抄报建设单位。工程款支付证书由总监理工程师签字，并加盖监理工程师执业印章。

项目监理机构应按下列程序进行工程计量和付款签证：

（1）专业监理工程师对施工单位在工程款支付报审表中提交的工程量和支付金额进行复核，确定实际完成的工程量，提出到期应支付给施工单位的金额，并提出相应的支撑材料。

（2）总监理工程师对专业监理工程师的审查意见进行审核，签认后报建设单位审批。

（3）总监理工程师根据建设单位的审批意见，向施工单位签发工程款支付证书。

# 7.2 监理文件的资料内容及编制要求

项目监理机构应建立完善建设工程监理文件的资料管理制度，宜设专人管理监理文件资料。项目监理机构应及时、准确、完整地收集、整理、编制、传递建设工程监理文件资料。项目监理机构宜采用信息技术进行监理文件资料管理。

## 一、监理文件的资料内容

监理文件的资料应包括下列主要内容：

（1）勘察设计文件、建设工程监理合同及其他合同文件。

（2）监理规划、监理实施细则。

（3）设计交底和图纸会审会议纪要。

（4）施工组织设计、（专项）施工方案、施工进度计划报审文件资料。

（5）分包单位资格报审文件资料。

（6）施工控制测量成果报验文件资料。

（7）总监理工程师任命书，工程开工令、暂停令、复工令，工程开工或复工报审文件资料。

（8）工程材料、构配件、设备报验文件资料。

（9）见证取样和平行检验文件资料。

（10）工程质量检查报验资料及工程有关验收资料。

（11）工程变更、费用索赔及工程延期文件资料。

（12）工程计量、工程款支付文件资料。

（13）监理通知单、工作联系单与监理报告。

（14）第一次工地会议、监理例会、专题会议等会议纪要。

（15）监理月报、监理日志、旁站记录。

（16）工程质量或生产安全事故处理文件资料。

（17）工程质量评估报告及竣工验收监理文件资料。

（18）监理工作总结。

## 二、监理文件的资料编制要求

### 1. 监理日志

监理日志是监理单位在实施建设工程监理过程中，每日对建设工程监理工作及施工进展情况所做的记录，由总监理工程师根据工程实际情况指定专业监理工程师负责记录。

每天填写的监理日志内容必须真实、力求详细，主要反映当日监理工作情况。如涉及具体文件资料，应注明相应文件资料的出处和编号。

监理日志主要内容包括：天气和施工环境情况；当日施工进展情况；当日监理工作情况，包括旁站、巡视、见证取样、平行检验等；当日存在的问题及处理情况；其他有关事项。

**2. 监理例会会议纪要**

监理例会是建设工程履约各单位沟通情况、交流信息、研究解决合同履行中存在的各方面问题的主要协调方式。

会议纪要由监理单位项目监理机构根据会议记录整理，主要内容包括：会议地点及时间；会议主持人；与会人员姓名、单位、职务；会议主要内容、决议事项及其负责落实单位、负责人和时限要求；其他事项。

对于监理例会上意见不一致的重大问题，应将各方的主要观点，特别是相互对立的意见记入“其他事项”中。会议纪要的内容应真实准确、简明扼要，经总监理工程师审阅，与会各方代表会签，发至有关各方并应有签收手续。

**3. 监理月报**

监理月报是监理单位项目监理机构每月向建设单位和本监理单位提交的建设工程监理工作及建设工程实施情况等分析总结报告。监理月报由总监理工程师组织编写，签认后报送建设单位和本监理单位。

监理月报主要内容包括：本月工程实施情况；本月监理工作情况；本月施工中存在的问题及处理情况；下月监理工作重点。

**4. 工程质量评估报告**

工程竣工预验收合格后，由总监理工程师组织专业监理工程师编制工程质量评估报告。工程质量评估报告编制完成后，由项目总监理工程师及监理单位技术负责人审核签认并加盖监理单位公章后报建设单位。工程质量评估报告应在正式竣工验收前提交给建设单位。

工程质量评估报告主要内容包括：工程概况；工程参与建设各单位；工程质量验收情况；工程质量事故及其处理情况；竣工资料审查情况；工程质量评估结论。

**5. 监理工作总结**

当监理工作结束时，项目监理机构应进行监理工作总结。监理工作总结由总监理工程师组织专业监理工程师编写，编写完成后的监理工作总结经总监理工程师签字，并加盖项目监理机构印章后报本监理单位和建设单位。

监理工作总结主要内容包括：工程概况；项目监理机构；建设工程监理合同履行情况；监理工作成效；监理工作中发现的问题及其处理情况；说明和建议。

## 7.3 见证取样和送检

见证取样（图 7-2）和送检是指项目监理机构对施工单位进行的涉及结构安全的试块、试件及工程材料现场取样、封样、送检工作的监督活动。建筑工程中所用材料的质量是工程质量控制的重要内容之一，见证取样和送检是材料的质量控制的主要手段。因此，监理单位需要编制见证取样和送检计划。

图 7-2 见证取样现场示例

### 一、工程质量检测管理

**1.《建设工程监理规范》中相关规定**

项目监理机构应审查施工单位报送的用于工程的材料、构配件、设备的质量证明文件，并应按有关规定、建设工程监理合同约定，对用于工程的材料进行见证取样、平行检验。

对已进场经检验不合格的工程材料、构配件、设备，项目监理机构应要求施工单位限期将其撤出施工现场。

**2.《建设工程质量检测管理办法》中相关规定**

2023 年 3 月 1 日起施行的《建设工程质量检测管理办法》对于见证取样有新的相关规定：

（1）第十八条 建设单位委托检测机构开展建设工程质量检测活动的，建设单位或者监理单位应当对建设工程质量检测活动实施见证。见证人员应当制作见证记录，记录取样、制样、标识、封志、送检以及现场检测等情况，并签字确认。

（2）第十九条 提供检测试样的单位和个人，应当对检测试样的符合性、真实性及代表性负责。检测试样应当具有清晰的、不易脱落的唯一性标识、封志。

建设单位委托检测机构开展建设工程质量检测活动的，施工人员应当在建设单位或者监理单位的见证人员监督下现场取样。

（3）第二十条 现场检测或者检测试样送检时，应当由检测内容提供单位、送检单位等填写委托单。委托单应当由送检人员、见证人员等签字确认。

检测机构接收检测试样时，应当对试样状况、标识、封志等符合性进行检查，确认无误后方可进行检测。

（4）第二十一条 检测报告经检测人员、审核人员、检测机构法定代表人或者其授权的签字人等签署，并加盖检测专用章后方可生效。

检测报告中应当包括检测项目代表数量（批次）、检测依据、检测场所地址、检测数据、检测结果、见证人员单位及姓名等相关信息。

非建设单位委托的检测机构出具的检测报告不得作为工程质量验收资料。

## 二、见证取样和送检计划的基本内容

### 1. 工程概况

（1）工程名称。

（2）工程地址。

（3）建设单位。

（4）设计单位。

（5）监理单位。

（6）施工单位。

（7）建筑特点。包括工程规模、工程特点、设计特点等。

### 2. 编制依据

（1）建设工程有关的法律、法规和强制性条文。

（2）建设工程与见证取样相关的规范、规程及技术标准。例如，《混凝土结构工程施工质量验收规范》《建设工程质量管理条例》等。

（3）建设工程施工合同、建设工程监理合同。

（4）经批准的设计文件、施工组织设计、监理规划等。

### 3. 见证取样和送检的程序

见证取样和送检是指在建设单位或工程监理单位人员的见证下，由施工单位的现场试验人员对工程中涉及结构安全的试块、试件和材料，在现场取样并送至经过省级以上建设行政主管部门对其资质认可和质量技术监督部门对其计量认证的质量检测单位进行检测。

（1）建设单位应向工程质检站和工程检测单位递交见证单位和见证人员授权书。授权书应写明本工程现场委托的见证单位和见证人员姓名以及见证取样证件的编号，以便质检机构和检测单位检查核对。

（2）施工单位取样人员在施工过程中，按照见证取样计划，在现场进行原材料取样和试块制作时，见证人员必须在旁见证，对试样进行监护，并和施工单位取样人员一起将试样送至检测单位或采取有效的封样措施送样。

（3）见证人员应按照见证取样和送检计划，对施工单位施工现场的取样和送检进行见证，见证取样人员应在试样或包装上作出标示、标志，注明工程名称、部位以及样品数量，并由见证和取样人员共同签字，见证人员应做见证记录，将见证记录归入施工技术资料。

（4）检测单位在接受委托检验任务时，须有送检单位填写的委托单，见证人员应在委托单上签字。

（5）检测单位应在检验报告单备注栏中注明见证单位和见证人员姓名。当发生试样不合格情况时，首先要通知工程质检站和见证单位。

（6）检测单位要严格按照有关规定和技术标准进行检测，出具公证、真实、准确的检测报告，见证取样和送样的报告必须加盖见证取样检测专用章，对伪造、涂改、偷换或丢失试验资料的行为，应对责任单位和责任人追究责任，见证取样的报告必须为原件，复印件无效。

（7）涉及结构安全的试件、试块和材料见证取样送检的比例不得低于单位工程全部取样试验资料的30%。

**4. 见证人员的职责**

（1）取样时，见证人员必须在现场进行见证。

（2）见证人员必须对试样进行监护。

（3）见证人员必须和施工单位的试验人员一起将试样送至检测单位。

（4）工地应有专用封样工具，见证人员必须亲自封样。

（5）见证人员必须在检验委托单上签字，并出示见证人员证书。

（6）见证人员对试样的代表性和真实性负有法定责任。

**5. 见证取样和送检的范围**

建设工程所使用的全部原材料以及现场制作的混凝土试块均实行见证取样和送检制度，包括：

（1）用于承重结构的混凝土试块。

（2）用于承重墙体的砌筑砂浆试块。

（3）用于承重结构的钢筋及连接接头试件。

（4）用于承重墙的砖和混凝土小型砌块。

（5）用于拌制混凝土和砌筑砂浆的水泥。

（6）用于承重结构的混凝土中使用的掺加剂。

（7）用于钢结构的钢材、连接件。

（8）地下、屋面、厕浴间使用的防水材料。

（9）国家规定必须实行见证取样和送检的其他试块、试件和材料。

**6. 见证取样和送检的方法、数量和要求**

见证取样和送检的方法、数量和要求，应根据检测的材料或试件不同，按照相关法律、法规和规范实施。以水泥和普通钢筋为例：

（1）水泥的取样

500 t 散装水泥为一个检验批，水泥试样可连续取样，也可从 20 个以上不同部位取等量样品，总量至少 12 kg。散装水泥可采用槽形管状取样器取样。

（2）普通钢筋的取样

钢筋应按批进行检查和验收，每批重量不大于 60 t。每批应由同一牌号、同一炉号、同一规格、同一交货状态的钢筋组成。

每批直条钢筋应取 2 个拉伸试验试件。试件长度为 400～450 mm；2 个弯曲试验试件，试件长度为 350～400 mm；3 个重量偏差试验试件，试件长度不小于 500 mm。

# 7.4 旁站方案

旁站是指项目监理机构对工程的关键部位或关键工序的施工质量进行的监督活动。项目监理机构应根据工程特点和施工单位报送的施工组织设计，确定旁站的关键部位、关键工序，安排监理人员进行旁站，并应及时记录旁站情况。混凝土浇筑监理旁站如图 7-3 所示。

图 7-3　混凝土浇筑监理旁站

## 一、旁站的基本规定

监理单位在编制监理规划时，应当制订旁站方案，明确旁站监理的范围、内容、程序和旁站监理人员职责等。旁站方案应当送建设单位和施工单位各一份，并抄送工程所在地的建设行政主管部门或其委托的工程质量监督机构。

施工单位根据监理单位制订的旁站方案，在需要实施旁站监理的关键部位、关键工序进行施工前 24 小时，应当书面通知监理单位派驻工地的项目监理机构。项目监理机构应当安排旁站监理人员按照旁站方案实施旁站监理。旁站监理在总监理工程师的指导下，由现场监理人员负责具体实施。

## 二、旁站监理人员的职责

旁站监理人员的主要职责：

（1）检查施工单位现场质检人员到岗、特殊工种人员持证上岗以及施工机械、建筑材料准备情况。

（2）在现场跟班监督关键部位、关键工序的施工情况、施工方案以及工程建设强制性标准情况。

（3）核查进场建筑材料、构配件、设备和商品混凝土的质量检验报告等，并可在现场监督施工单位进行检验或委托具有资格的第三方进行复验。

（4）做好旁站记录和监理日记，保存旁站监理原始资料。

旁站监理人员应当认真履行职责，对需要实施旁站监理的关键部位、关键工序在施工现场跟班监督，及时发现和处理旁站监理过程中出现的质量问题，如实准确地做好旁站记录。凡旁站监理人员和施工单位现场质检人员未在旁站记录上签字的，均不得进行下一道施工工序。

旁站监理人员实施旁站监理时，发现施工单位有违反工程建设强制性标准行为的，有权责令施工单位立即整改；发现其施工活动已经或可能危及工程质量的，应当及时向监理工程师或总监理工程师报告，由总监理工程师下达局部暂停施工指令或采取其他应急措施。

## 三、旁站方案的主要内容

旁站方案的主要内容包括：总则，工程概况，工程旁站监理的范围，负责旁站监理的具体人员分工，旁站监理的内容及工作要求，关键部位、关键工序的旁站监理措施，旁站记录，旁站监理程序，旁站监理人员的主要职责，旁站监理内容的质量控制要点，旁站监理的节能控制要点等。

## 四、旁站记录

旁站记录是监理工程师或总监理工程师依法行使有关签字权的重要依据。对于需要旁站监理的关键部位、关键工序施工，凡没有实施旁站监理或没有旁站记录的，监理工程师或总监理工程师不得在相应文件上签字。在工程竣工验收后，监理单位应当将旁站记录存档备查。旁站记录规范要求见表 7-1。

**表 7-1 旁 站 记 录**

工程名称： 编号：

| | | | |
|---|---|---|---|
| 旁站的关键部位、关键工序 | | 施工单位 | |
| 旁站开始时间 | 年 月 日 时 分 | 旁站结束时间 | 年 月 日 时 分 |
| 旁站的关键部位、关键工序施工情况： | | | |
| 发现的问题及处理情况：<br><br>旁站监理人员（签字）<br>年 月 日 | | | |

注：本表一式一份，项目监理机构留存。

# 7.5 监理日志、监理月报的要求及实例

## 一、监理日志

### 1. 基本要求

（1）监理日志的书写应符合法律、法规、建设工程规范的要求，真实、全面、充分地体现工程建设各有关单位合同履行程度，公正记录每天发生的工程情况，准确反映监理每天的工作情况及工作成效。禁止作假，不能为了某种目的修改监理日志，不得随意涂改、刮擦。

（2）监理单位应每天按时填写监理日志，及时提交总监理工程师（或总监理工程师代表）审查，监理日志的记录人应签名。

（3）监理日志不允许记录与监理工作无关的内容。

（4）记录问题时对问题的描述要清晰，处理措施和处理结果都要跟踪记录完整。

（5）监理日志应书写工整、清晰，用语规范，语言表达简明扼要、措辞严谨，记录应尽量采用专业术语，不用过多的修饰词语，更不要夸大其词，涉及数字的地方，应记录准确的数字，不得采用诸如“大约”“估计”“可能”“基本上”之类的措辞。

### 2. 填写内容要求

（1）天气和施工环境情况：准确记录当天的天气状况，特别是出现异常气候应予描述。例如：天气预报当天的天气晴，实际上在当天的某一时刻出现大雨等异常情况，监理日志中应予记录，应记录异常情况出现时间、持续时间。

（2）监理人员动态：应填写当日驻场监理人员名单。

（3）施工单位动态：记录施工单位人员到位情况、机械使用情况、材料的进出场及使用情况。

（4）施工进展情况：记录施工单位当天的施工作业内容、部位，施工作业过程是否符合要求，施工过程是否正常，施工安排是否符合施工进度计划要求。

（5）监理工作情况：包括旁站、巡视、见证取样、平行检验等情况。

（6）存在问题及处理情况：记录监理巡视、检查过程中发现的问题及监理的有关指令，施工单位对指令的执行情况。记录对以往提出问题的跟踪检查情况，问题的处理结果；记录施工单位提出的问题，监理单位的答复或请示情况。

（7）其他有关事项：记录来访情况；参加会议的记录或有关工程的洽谈记录；记录接到通知、指示的时间、内容，通知或指示的执行情况及反馈。

### 3. 监理日志实例（表 7-2）

表 7-2 监理日志实例

<table>
<tr><td>气温：-4 ℃~3 ℃</td><td>气象：晴</td><td>湿度： 风力： 风向：</td></tr>
<tr><td rowspan="4">施工进展情况</td><td>主要作业情况</td><td>1. 施工进展情况：本日完成 27 根钻孔桩，1 个承台，1 个墩身；<br>2. 累计完成存梁台 57 个，便道 1 300 m 全部完成，场地硬化 2 000 $m^2$；<br>3. 施工中采用的新工艺、新材料、新设备、新技术情况</td></tr>
<tr><td>机械进出场情况</td><td>旋挖钻机 8 台（其中 2 台出现故障）、7 辆 25 t 吊车、5 台装载机</td></tr>
<tr><td>施工人员动态</td><td>施工人员钢筋 20 人/班、焊工 5 人/班、模板 20 人/班、混凝土 10 人/班、架子工 15 人/班，技术人员 5 人/班、质量检验人员 2 人/班</td></tr>
<tr><td>施工进场材料、构配件的数量及质量状况</td><td>砂进场 200 $m^3$，石料（5~10 mm）进场 500 $m^3$，钢筋进场规格、数量、批号等</td></tr>
<tr><td>巡视检查及旁站过程中发现的问题及处理情况</td><td colspan="2">1. 检查验收情况及结论<br>9:10—10:00，××桥钻孔桩 716-2、733-1 孔深检查孔底标高 10.5 m，设计孔底标高 10.5 m，符合设计要求；沉渣厚度检查×× cm，符合设计及规范要求，现场技术人员××，质量检验人员××。<br>2. 旁站部位描述<br>10:20—12:00，××桥钻孔桩 716-2、733-1，××段路基碾压，××箱梁浇筑混凝土，××箱梁预应力初张拉。<br>3. 巡视检查及过程中发现的问题及处理情况<br>14:20—15:20，对分部进行巡视，发现×××-×处混凝土和易性较差，坍落度 23 cm，有离析现象，要求对罐车内混凝土进行废弃处理，通知小组试验监理对搅拌站混凝土进行检查，合格后方可使用</td></tr>
<tr><td>试验、验收（检测）情况</td><td colspan="2">16:30，进行成孔检查：桩底标高 1 785.434 m，桩长 22 m，泥浆比重 1.14，含砂率 1.95%，实测桩长 22.04 m，需继续清孔</td></tr>
<tr><td>安全情况</td><td colspan="2">3 号墩基坑围栏被挖掘机损坏，已要求施工单位恢复</td></tr>
<tr><td>向施工单位发出的通知或口头指示，施工单位提出的问题及答复意见</td><td colspan="2">无</td></tr>
</table>

续表

| | |
|---|---|
| 上级指示或指令，建设单位的有关要求，质量监督机构的检查意见 | 21∶15，设计组××电话通报：车站 2.5 m 箱涵基础承载力 190 kPa，满足大于 150 kPa 要求 |
| 尚需解决的问题及建议 | 无 |

专业监理工程师/监理员： 总/专业监理工程师： 第 页

日期： 年 月 日 日 期： 年 月 日

## 二、监理月报

监理月报由项目监理机构总监理工程师组织编制，由总监理工程师签认，报送建设单位和上级建设行政主管部门，报送时间由监理单位和建设单位协商确定，监理月报应真实反映工程现状、监理工作情况，做到数据准确、重点突出、语言简练并附必要的图表。

### （一）监理月报内容

#### 1. 工程基本情况

工程名称、工程地点、建设单位、施工单位、勘察单位、设计单位、质监单位、建筑类型、建筑面积、结构类型、层数（地上、地下）。合同约定质量目标、工期、合同价款。

#### 2. 本月工程概况

（1）描述施工基本情况以及监理工作情况。

（2）本月开工或正在施工的分部工程、分项工程的进展情况。

（3）施工人员、机械配置是否满足要求。

（4）现场环境条件、气候等因素影响的情况。

#### 3. 工程进度

（1）形象进度用文字叙述、简明扼要，描述至分项工程。

（2）实际进度与计划进度的对比，用详实数据，从多方面分析影响进度完成情况的因素，并对工程进度采取的措施进行描述和效果说明。

#### 4. 工程质量

（1）对分项工程和检验批质量验收情况说明。

（2）对分部（子分部）工程质量验收情况说明。

（3）主要施工试验情况说明。

（4）见证取样情况。

（5）旁站监理情况；工程质量情况分析，本月采取的措施及效果。

**5. 工程计量与工程款的审核**

每月工程量计量及进度款审核情况。

**6. 合同其他事项的处理情况**

（1）设计变更情况。

（2）工程变更情况。

（3）工程延期情况。

（4）费用索赔情况。

**7. 安全监理情况（略）**

**8. 本月监理工程总结**

（1）对本月进度、质量、工程款支付等方面综合评价。

（2）意见和建议。

（3）本月监理工作主要内容。

（4）下月监理工作重点。

### （二）监理月报实例

（工程名称）

# 监 理 月 报

第 期

年 月 日至 年 月 日

项目监理机构（章）：

总监理工程师：

编 制：

日 期：

**1. 本月工程情况（表 7-3）**

表 7-3 本月工程情况

| 相关情况登记 | | | |
|---|---|---|---|
| 本月日历天 | 30 d（范例） | 实际工作日 | d |
| 建设单位通知单 | 份 | 建设单位联系单 | 份 |
| 工程暂停令 | 份 | 监理工程师通知单 | 份 |
| 安全监理工程师通知单 | 份 | 监理工作联系单 | 份 |
| 旁站记录 | 份 | 监理例会会议纪要 | 份 |
| 工程专题会议纪要 | 份 | 建设主管部门通知单 | 份 |
| 本月工程现场大事记（范例） | | | |
| 8 月 16 日：上午进行图纸会审，形成会议纪要；关于基坑积水问题下发监理工程师通知单（编号：YAGL-002）<br><br>（说明：可记录某栋楼分部工程或分项工程检查验收情况，对分包单位或材料供应单位的资质考查情况，工程图纸会审，主要用材见证取样和送检，主要部位或主要工序施工不符合要求下发监理工程师通知单及编号，针对工程质量或安全问题召开的专题会议，建设行政主管部门或建设单位领导巡检等） | | | |

**2. 本月工程质量控制情况评析**

（1）工程质量综合分析

（2）工程质量情况分析

本月工程质量从监控情况分析总体合格。

（3）原材料部分

① 1 号楼钢筋原材料及钢筋焊接试验均合格；七层以下所用商品混凝土强度合格，八至十二层主体所用商品混凝土试块强度试验报告未出。

② ……

（4）工程检验批部分

① 1 号楼部分墙、柱拆模后出现漏浆、蜂窝、麻面现象，要求施工单位按处理方案进行

修补，经现场修补处理，混凝土工程质量符合要求，其他检验批均符合设计要求及施工验收规范。

②……

（5）本月检验批验收统计表（表7-4）

**表7-4 本月检验批验收统计表**

| 1号楼工程检验批 | | 2号楼工程检验批 | |
|---|---|---|---|
| 工程部位（项目内容） | 份数 | 工程部位（项目内容） | 份数 |
| 八层墙、柱（模板、钢筋、混凝土） | 5 | 十四层墙、柱（模板、钢筋、混凝土） | 5 |
| 26.85 m梁、板、楼梯（模板、钢筋、混凝土） | 5 | 42.65 m梁、板、楼梯（模板、钢筋、混凝土） | 5 |
| …… | | …… | |

（6）各项隐蔽工程验收记录表（表7-5）

**表7-5 各项隐蔽工程验收记录表**

| 1号楼隐蔽工程验收 | | 2号楼隐蔽工程验收 | |
|---|---|---|---|
| 工程项目 | 份数 | 工程项目 | 份数 |
| 八层墙、柱及26.85 m梁、板、楼梯的钢筋 | 2 | 十四层墙、柱及42.65 m梁、板、楼梯的钢筋 | 2 |
| 九层墙、柱及29.75 m梁、板、楼梯的钢筋 | 2 | 十五层墙、柱及45.55 m梁、板、楼梯的钢筋 | 2 |
| …… | | …… | |

**3. 本月工程进度控制情况评析**

（1）本月工程进度情况

本月工程形象进度：

1号楼：十二层（38.45 m）主体混凝土浇筑完毕。

2号楼：十八层（54.25 m）主体混凝土浇筑完毕。

（2）本月实际进度与计划进度比较

1号楼：实际工程进度比月进度计划延迟了6天，与调整后的总进度计划相比较延迟了13天。

2号楼：实际工程进度比月进度计划提前了1天，与总进度计划基本持平。

（3）本月工程施工进度概况

1号楼：6月27日至7月3日进行八层（26.85 m）的主体钢筋、模板及混凝土工程。

2号楼：6月26至30日进行十四层（42.65 m）的主体钢筋、模板及混凝土工程。

（4）工程进度综合分析

1 号楼工程进度延误的影响因素：

① 由于前期的工程进度与总进度计划相差的比较多；② 施工管理不到位，没有采取有效的赶工措施，不加班；③ 施工劳务队伍不稳定。

本月在进度方面采取的措施及效果：

① 每周例会上协调解决施工进度问题；② 监理加强工程巡检，发现问题及时解决；③ 控制周进度计划，要求施工单位报周进度计划并按周进度计划进行施工。

监理部本月对 1 号楼、2 号楼的工程施工进度基本满意。

（5）本月工、料、机动态表（表 7-6）

表 7-6　本月工、料、机动态表

| 1 号楼 | | | | | |
|---|---|---|---|---|---|
| 人工 | 工种 | 混凝土工 | 钢筋工 | 木工 | 水电工 |
| | 人数 | 15 人 | 19 人 | 36 人 | 7 人 |
| 材料 | 钢筋 | 本月进场钢筋 74 t | | | |
| | 混凝土 | 本月使用混凝土 850 $m^3$ | | | |
| 主要机械 | 机械名称 | 数量 | 规格型号 | | |
| | 塔吊 | 1 台 | QTZ-40 | | |
| | 对焊机 | 1 台 | UN-100 | | |
| | 弯曲机 | 1 台 | GW40 | | |
| | 切断机 | 1 台 | GQ40 | | |
| | 振动棒 | 4 根 | | | |

| 2 号楼 | | | | | |
|---|---|---|---|---|---|
| 人工 | 工种 | 混凝土工 | 钢筋工 | 木工 | 水电工 |
| | 人数 | 20 人 | 18 人 | 30 人 | 8 人 |
| 材料 | 钢筋 | 本月进场钢筋 255 t | | | |
| | 混凝土 | 本月使用混凝土 812 $m^3$ | | | |
| 主要机械 | 机械名称 | 数量 | 规格型号 | | |
| | 塔吊 | 1 台 | QTZ-50 | | |
| | 对焊机 | 1 台 | UN-100/63 | | |
| | 弯曲机 | 1 台 | GW40 | | |
| | 切断机 | 1 台 | GQ40 | | |
| | 振动棒 | 3 根 | | | |

## 4. 本月工程投资控制情况评析（表 7-7）

表 7-7　本月工程投资控制情况评析

| | | | |
|---|---|---|---|
| 工程总投资额 | | 万元 | |
| 累计完成工程额占投资额百分比 | | % | |
| 本月监理批准付款额 | 1 号楼　万元；<br>2 号楼　万元；<br>3 号楼　万元；<br>共计　万元 | 累计批准付款额 | 1 号楼　万元；<br>2 号楼　万元；<br>3 号楼　万元；<br>共计　万元 |
| 本月发生批准索赔额 | 万元 | 累计发生索赔额 | 万元 |
| 发出监理通知单（造价控制类） | | 份 | |

续表

| 工程投资控制情况简析（文字或图表） |
| --- |
| |
| 预计下月工程发生费用金额为　　　万元 |

**5. 本月工程安全文明控制情况评析**

(1) 本月工程安全文明施工情况

要求施工单位建立完善的安全保证体系，并设有专职的安全员。

(2) 本月工程安全文明监理措施

**6. 本月工程监理工作小结**

(1) 进度控制方面

(2) 质量控制方面

(3) 造价控制方面

1 号楼本月支付工程款为 124 万元；

2 号楼本月支付工程款为 205 万元。

(4) 安全、文明方面

**7. 下月监理工作安排**

① 检查验收施工单位所进场的施工材料及机械设备；

② 检查验收 1 号楼十三至十八层的模板、钢筋、混凝土工程；

③ 检查验收 2 号楼十九层以上混凝土主体及裙楼基础、一层主体的模板、钢筋、混凝土工程；

④ 旁站监理 1 号、2 号楼的混凝土浇筑工作；

⑤ 复测 1 号、2 号楼各楼层的测量放线工作；

⑥ 检查验收 2 号楼二至八层砌体工程。

⑦ 检查验收水电安装工程是否按图、规范、甲方要求进行施工；

⑧ 监督施工单位安全文明施工，杜绝安全事故的发生。

# 7.6 监理资料的管理及归档

## 一、监理资料的管理

### 1. 收文与登记

收文登记表应登记文件名称、摘要信息、发放单位（部门）、文件编号、收文日期，由负责收文人员签字。

注意监理文件资料的可追溯性。

### 2. 传阅与登记

文件传阅时，应确定传阅人员名单或范围、传阅期限，传阅人员阅后应登记签字并注明日期。传阅完毕要归档。

### 3. 发文与登记

发文登记表应登记文件的分类编码、文件名称、摘要信息、接收文件的单位（部门）、文件编号、发文日期、收件人签字。

### 4. 分类存放

分类存放原则应根据工程特点及监理与相关服务内容确定。一般根据工程项目的施工顺序、施工承包体系、单位工程的划分、工程质量验收程序等分类存放。

### 5. 组卷归档

（1）文件资料编制要求

一般应为原件，内容和深度符合要求，内容真实、准确，书写材料耐久不褪色，字迹清楚，签字盖章手续完备。

不能使用原件时，应在复印件或抄件上加盖公章并注明原件保存处。

（2）组卷方法及要求

监理文件资料可按单位工程、分部工程、专业工程、建设阶段等组卷。案卷不宜过厚，不重份，排列有序。

（3）归档范围和保管期限

归档监理文件资料必须完整、准确、系统，能够反映工程建设监理活动的全过程。归档的文件必须经过分类汇总，并应组成符合要求的案卷。监理单位应当在工程竣工验收前，将形成的有关监理工程档案向建设单位移交。

一切依法监理的证明文件和监理质量的证明文件及作为监理成果的结论性文件，均应属于归档范围。具体内容包括：工程项目监理机构及负责人名单；施工合同文件及委托监理合同；勘察、设计文件；施工许可证和安全许可证；监理规划、监理实施细则；分包单位资格报审表；设计交底及图纸会审会议纪要；施工组织设计（方案）、专项施工方案、安全施工组织设计报审表；工程开工、复工报审表，工程开工、工程暂停令；测量核验资料；工程进度计划及控制资料；工程材料、构配件、设备的质量证明文件及检查、试验资料；施工试验资料；设计变更和工程变更资料；隐蔽工程验收记录；工程计量单和工程款支付证书；监理工程师通知、监理工作联系单、会议纪要、往来函件；各种报验申请表；监理日记、监理月报；质量缺陷和质量事故的处理文件；检验批、分项工程、分部工程、单位工程的验收资料；索赔文件资料；竣工结算审核意见书；工程项目施工质量评估报告等专题报告；监理工作总结；其他按规定监理单位应保存的文件内容。

保管期限分为永久、长期、短期三种期限。其中，永久是指工程档案需永久保存；长期是指工程档案的保存期限等于该工程的使用寿命；短期是指工程档案保存20年以下。同一案卷内有不同保管期限的文件，该案卷保管期限应从长。

**6. 验收与移交**

（1）验收

城建档案管理部门按照《建设工程文件归档整理规范》的规定进行验收。

（2）移交

监理单位在工程竣工验收前向建设单位移交监理文件资料。建设单位在工程竣工验收后3个月内向城建档案管理部门移交工程档案，包括工程监理文件资料。停建、缓建工程的监理文件资料暂由建设单位保管。

## 二、监理资料的归档

项目监理机构应及时整理、分类汇总监理文件资料，并应按规定组卷，形成监理档案。

工程监理单位应根据工程特点和有关规定，保存监理档案，并应向有关单位、部门移交需要存档的监理文件资料。监理单位向建设单位移交档案时，应编制移交清单，双方签字、盖章后方可交接。

工程档案一般不少于两套，一套由建设单位保管，一套（原件）移交当地城建档案馆（室）。监理单位需要向本单位归档的文件，应按国家有关规定和要求单独立卷归档。

## 单元练习

一、选择题

1. 属于工程监理单位用表的是（　　）。

A. 工程暂停令　　B. 工程开工报审表

C. 工程复工报审表　　D. 监理通知回复单

2. 不属于工程监理单位用表的是（　　）。

A. 工程暂停令　　B. 旁站记录

C. 工程复工令　　D. 监理通知回复单

3. 根据《建设工程监理规范》建设工程监理的基本表式分为（　　）三大类。

A. 设计单位报审表　　B. 工程监理单位用表

C. 施工单位报审、报验用表　　D. 通用表

E. 勘察单位报验表

4. 属于施工单位报审、报验用表的是（　　）。

A. 工程开工报审表　　B. 工程复工令

C. 工程复工报审表　　D. 旁站记录

5. 工程开工令需要由（　　）签字，并加盖监理工程师执业印章。工程开工令应明确具体开工日期，并作为施工单位计算工期的起始日期。

A. 监理员　　B. 监理工程师

C. 总监理工程师　　D. 总监理工程师代表

6. 监理通知单可由（　　）或（　　）签发，对于一般问题可由专业监理工程师签发，对于重大问题应由总监理工程师或经其同意后签发。

A. 监理员　　B. 专业监理工程师

C. 总监理工程师　　D. 总监理工程师代表

7. （　　）是监理单位项目监理机构每月向建设单位和本监理单位提交的建设工程监理工作及建设工程实施情况等分析总结报告。

A. 监理例会　　B. 监理月报　　C. 监理日志　　D. 旁站记录

8. 施工单位根据监理单位制订的旁站方案，在需要实施旁站监理的关键部位、关键工序进行施工前（　　）小时，应当书面通知监理单位派驻工地的项目监理机构。

A. 48　　B. 12　　C. 28　　D. 24

9. 建设工程监理文件资料保管期限分为（　　）三种期限。

A. 临时　　B. 永久　　C. 按需保存　　D. 长期

E. 短期

10. 钢筋应按批进行检查和验收，每批重量不大于（　　）t。每批应由同一牌号、同一炉罐号、同一规格、同一交货状态的钢筋组成。

A. 60　　B. 12　　C. 28　　D. 24

二、简答题

1. 施工单位发生哪些情况，项目监理机构应发出监理通知单？

2. 项目监理机构发现哪些情况，总监理工程师应及时签发工程暂停令？

3. 简述工程质量评估报告主要内容。

4. 简述监理工作总结主要内容。

5. 简述见证人员的职责。

三、案例题

某工程监理合同签订后，监理单位负责人对该项目监理工作提出以下五点要求：

（1）监理合同签订后的30天内应将项目监理机构的组织形式、人员构成及总监理工程师的任命书面通知建设单位。

（2）监理规划的编制依据：建设工程的相关法律、法规，项目审批文件，有关建设工程项目的标准、设计文件、技术资料，监理大纲、委托监理合同文件和施工组织设计。

（3）监理规划中不需编制有关安全生产监理的内容，但需针对危险性较大的分部分项工程编制监理实施细则。

（4）总监理工程师代表应在第一次工地会议上介绍监理规划的主要内容，如建设单位未提出意见，该监理规划经总监理工程师批准后可直接报送建设单位。

（5）如建设单位设计方案有重大修改，施工组织设计、方案等发生变化，总监理工程师代表应及时主持修订监理规划的内容，并组织修订相应的监理实施细则。

总监理工程师提出了建立项目监理组织机构的步骤，如图7-4所示，并委托给总监理工程师代表以下工作：

（1）确定项目监理机构人员岗位职责，主持编制监理规划。

（2）签发工程款支付证书，调解建设单位与施工单位的合同争议。

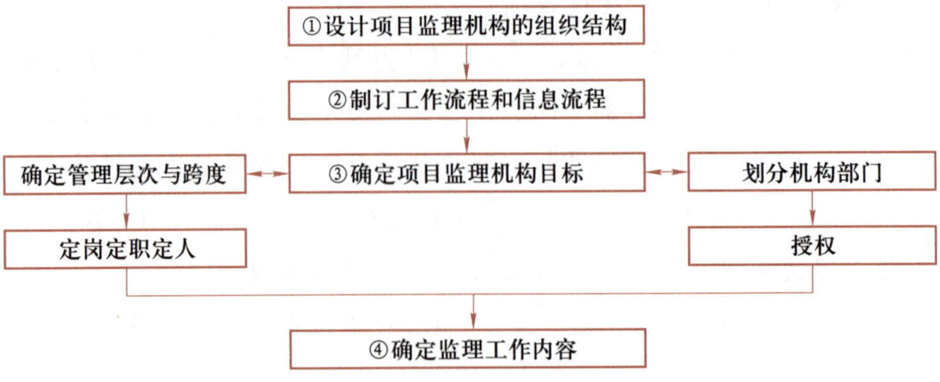


图7-4　建立项目监理组织机构的步骤

在编制的项目监理规划中，要求在监理过程中形成的部分文件资料如下：

（1）监理实施细则。

（2）监理通知单。

（3）分包单位资质材料。

（4）费用索赔报告及审批。

（5）质量评估报告。

问题：

1. 指出监理单位负责人所提要求中的不妥之处，写出正确做法。

2. 写出图 7-4 中① ~④ 项工作的正确步骤。

3. 指出总监理工程师委托总监理工程师代表工作的不妥之处，写出正确做法。

4. 写出项目监理规划中所列监理文件资料在建设单位、监理单位保存的期限要求。